生物活性物质功能与技术丛书

大鲵活性肽
制备、功能及应用

佟长青 李 伟 著

BIOACTIVE PEPTIDES

FROM GIANT SALAMANDER:

PREPARATION,

FUNCTION AND

APPLICATION

U0151759

中国轻工业出版社

图书在版编目（CIP）数据

大鲵活性肽：制备、功能及应用 / 佟长青，李伟著
. —北京：中国轻工业出版社，2022.6
ISBN 978-7-5184-3921-8

Ⅰ.①大⋯　Ⅱ.①佟⋯ ②李⋯　Ⅲ.①大鲵—生物活
性—肽—制备—研究　Ⅳ.① Q959.506

中国版本图书馆 CIP 数据核字（2022）第 051340 号

责任编辑：罗晓航

策划编辑：罗晓航　　　责任终审：李建华　　　封面设计：锋尚设计
版式设计：砚祥志远　　　责任校对：朱燕春　　　责任监印：张　可

出版发行：中国轻工业出版社（北京东长安街6号，邮编：100740）
印　　刷：三河市万龙印装有限公司
经　　销：各地新华书店
版　　次：2022年6月第1版第1次印刷
开　　本：710×1000　1/16　印张：14.25
字　　数：280千字
书　　号：ISBN 978-7-5184-3921-8　定价：128.00元
邮购电话：010-65241695
发行电话：010-85119835　传真：85113293
网　　址：http://www.chlip.com.cn
Email：club@chlip.com.cn
如发现图书残缺请与我社邮购联系调换
210320K1X101ZBW

前言

自从2009年与时任张家界（中国）金驰大鲵生物科技有限公司科研负责人的陈平女士和周淑军女士相识并开始进行大鲵的研究以来，至今已经过去了12年。在这12年里，我们从刚刚开始接触大鲵，研究大鲵黏液，到研究大鲵低聚糖肽和大鲵活性肽，再到开发成各种大鲵深加工产品，经历了很多艰难的探索且收获了很多有趣的发现。与此同时，随着大鲵人工养殖与繁殖技术的不断进步，在湖南、浙江、广东、江西、陕西、河南、湖北、辽宁、福建等地都形成了具有相当规模的大鲵人工养殖基地。大鲵养殖业已成为我国大鲵主要养殖区调整农业结构、促进农民增收的重要产业。但是目前，随着养殖大鲵价格的大幅度波动，大鲵的养殖产量并未同养殖效益成正比，造成了大鲵产业的不稳定性。这其中一个重要原因是大鲵科研成果并没有得到很好的应用，大鲵产业链延伸程度不够。2015年，张家界（中国）金驰大鲵生物科技有限公司与大连海洋大学在完成湖南省战略性新兴产业专项项目"大鲵低聚活性糖肽制备技术研发及产业化"（2013GK4100）过程中，获得了很多有意义的大鲵研究成果，这些研究成果非常值得推广和应用。在大鲵深加工的研究方面，大连海洋大学与张家界（中国）金驰大鲵生物科技有限公司、张家界金驰天问农业科技有限公司、大连裕康生物科技股份有限公司已经进行了12年的努力，也取得了一系列的研究成果。为此，本书将大鲵活性肽的制备、功能及应用等方面的科学研究以及在生物医药、保健、美容等方面制备的产品进行了总结。希望本书的出版，有助于促进大鲵科研成果的转化，有助于更多的大鲵深加工产品出现在市场上，促进大鲵产业链的扩展，使大鲵产品在生物医药、保健、美容等方面给人们带来更多的惊喜。

　　在进行大鲵加工研究过程中，曲敏博士和王文莉、于新莹、闫欣、成芳、徐伟伟、王晓龙、于海慧、余睿智、何凤梅、纪钱萍、关百婷等11名硕士参与了相关的研究，还有赵冠华、杨晴晴等硕士生做了部分工作。另外，还要特别感谢我的导师，俄罗斯科学院远东分院以G. B. Elyakov命名的太平洋生物有机化学研究所的Pavel Lukyanov教授，在大鲵加工研究方面长久以来给予的指导和帮助。最后，特别感谢金驰集团章海波董事长，没有他的资助和坚持，就没有我们的大鲵研究。

　　本书结合作者的研究工作及相关的文献资料写成，难免挂一漏万，有些观点和看法也只是管窥之见。书中之不足，敬请批评指正。

佟长青　李伟

大连海洋大学食品科学与工程学院

2022年2月

目录

第一章

绪论

大鲵（*Andrias davidianus*）属于两栖纲、有尾目、隐鳃鲵科、大鲵属的两栖动物，亦称娃娃鱼、人鱼、孩儿鱼、脚鱼、啼鱼、腊狗。世界上只有3种有尾目、隐鳃鲵科的两栖动物，即美洲东北部的隐鳃鲵（美洲大鲵）、日本大鲵和中国大鲵[1]。野生大鲵属于国家二类保护动物，主要分布于长江中上游、珠江中上游及汉水上游的溪流中[2]。

从先秦时期，我国古籍里就有许多对大鲵的相关记载，如在先秦的《山海经》、宋代的《益部方物略记》、明代《古今谭概》以及清代《渊鉴类函》中都不同程度地描述了大鲵的形态特征、习性、地理分布、养殖和应用。大鲵作为营养价值较高的两栖动物，富含蛋白质、脂肪及矿物质。大鲵蛋白质中氨基酸组成全面，必需氨基酸和非必需氨基酸的比例符合联合国粮农组织（FAO）/世界卫生组织（WHO）的理想模式[3]。大鲵脂肪富含单不饱和脂肪酸及多不饱和脂肪酸。大鲵肌肉及皮肤中富含矿物质，可以作为钾、镁、锌等矿物质的来源[4]。因此，大鲵有"水中人参"之称[5]。

我国唐代著名医药学家陈藏器《本草拾遗》对大鲵的药用价值最早进行了描述。明代医药学家李时珍在《本草纲目》中写道"鲵鱼，释名人鱼、魶鱼、鳎鱼，大者名鰕。气味甘，有毒。主治食之无痴疾。"1978年出版的《全国中草药汇编》将大鲵列为药品，对神经衰弱、病后体虚、贫血、痢疾等具有疗效[6]。中医认为大鲵性甘平，有补气、养血、益智、滋补、强壮等功效，主治神经衰弱、病后体虚、贫血、痢疾等疾病[7]。现代医学研究认为，经常食用大鲵可以聪明益智、延缓衰老、提高造血和免疫功能，有助于预防心血管疾病、恶性贫血和恶性肿瘤[8]。大鲵体表黏液具有治疗烧伤、烫伤的作用，对面部的烧伤治疗不留疤痕[9]。大鲵具有的较高的营养与药用价值引起了人们的广泛关注。

近二十年来，随着现代营养学、水产品加工学以及医学的不断发展，对于大鲵深加工利用的研究越来越深入。通过酶解作用，从大鲵肌肉蛋白以及大鲵体表黏液的酶解产物中获得了大鲵活性肽及大鲵糖肽。大量的研究证实了大鲵活性肽、大鲵糖肽具有增强免疫力、降血糖、保肝、调节血压、抗疲劳、抗氧化以及抗衰老等多种生物学作用。同时，大鲵活性肽及大鲵糖肽的部分化学结构也逐渐被人们所了解。随着研究的不断深入，大鲵活性肽和大鲵糖肽结构与生物学作用的关系越来越明确。人们越来越多地将目光落在大鲵活性肽和大鲵糖肽的营养学作用及对人类健康的影响方面的研究上。

第一节 ▷ 大鲵概述

一、大鲵的发现

大鲵起源于约3.7亿年前的泥盆纪晚期，是由一种古老的蝾螈演变而来的。1726年，瑞士医生约翰·雅各布·肖赫舍在德国发现了第一块大鲵化石[10]。1802年，荷兰泰勒斯博物馆买下了这块化石。1811年，法国解剖学家乔治·居维叶经过仔细研究，发现这是一条生活在500万~1000万年前的中新世纪晚期的大鲵。

1997年，北京大学高克勤教授率领科学考察队在河北凤山发现了500多件距今1亿多年的完整蝾螈类化石。2000年，我国内蒙古宁城出土了距今1.65亿年的蝾螈类化石，属于隐鳃鲵科化石。经过多年的科学考察发现，大鲵自中生代以来就在我国繁衍生息。

在中华文化中，很早就出现了"大鲵"。1958年，甘肃省甘谷县西坪仰韶文化遗址出土了鲵鱼纹彩陶瓶，表明在五六千年前的渭水流域，上古先民就认识了大鲵这种生物。古籍《西泽补遗》中记载了老者吃娃娃鱼后变年轻，生九子的事迹。张道陵据此将娃娃鱼取名为"鲵"，并根据娃娃鱼游动的场景创建了阴阳太极图的图案。由此可见大鲵在中华文化中具有重要地位。

我国对大鲵的利用具有悠久的历史，不少典籍中有关于大鲵利用的论述。唐代的《酉阳杂俎》中记载了大鲵的正确食用方法："峡中人食之，先缚于树鞭之，身上白汗出如构汁，去此方可食，不尔有毒。"宋代的《益都方略记》记载了蜀人饲养大鲵的事实。唐代的《本草拾遗》、明代的《本草纲目》以及1978年版的《全国中草药汇编》等医药典籍对大鲵药用价值进行了详尽地记载。

20世纪50年代，大鲵成为了一种重要的出口商品。由于出口量较大及环境因素的影响，到了20世纪80年代，大鲵资源已经遭到了严重破坏。随着《中华人民共和国野生动物保护法》的出台与实施，野生大鲵被列入禁捕的国家二级保护动物。但是大鲵的市场需求依然存在，促使大鲵黑市价格走高，大鲵的野生资源遭到进一步的破坏。为了保护大鲵这一珍贵物种，我国从20世纪70年代开始进行大鲵人工驯养繁殖技术的研究。长江、黄河、珠江等流域各省区纷纷开展了大鲵的驯养养殖实践，先后解决了培育大鲵亲本的方法以及大鲵亲本雌雄发育同步的技术难题，进而成功进行了野生大鲵驯养繁殖、亲代大鲵性腺发育等方面的研究。随着大鲵养殖技术研究的突破，在湖南、陕西、河南、湖北、江苏、贵州、重庆、四川、浙江、广东、江西等地都形成了具有相当规模的大鲵全人工养殖基地。至2019年，我国大鲵养殖总量已逾1200万尾。

与此同时，对大鲵的营养组成、功能成分及加工利用等方面的研究也开展起来了。通过对大鲵皮、肉、脂肪、体表黏液以及骨的深入研究，已经分离鉴定出了多种化学成分。这些化学成分的营养与药用价值，也不断地被科学研究所证实。大鲵在营养健康领域发挥着越来越大的作用。

二、中国大鲵的分布

大鲵属于有尾目隐鳃鲵科（Cryptobranchidae）的两栖动物。隐鳃鲵科现存2属3种两栖动物，即大鲵属（Andrias）的中国大鲵（Andrias davidianus）、日本大鲵（Andrias japonicus）和隐鳃鲵属（Cryptobranchus）的隐鳃鲵（Cryptobranchus alleganiensis），隐鳃鲵也被称作美洲大鲵[11]。

中国大鲵广泛分布于长江、黄河及珠江三大水系，遍及陕西、湖南、四川、贵州、河南、山西、甘肃、安徽、江西、浙江、福建、重庆、广东、广西、云南、青海等17个省市区[12]。中国大鲵具有终生水栖的生理特性，迁徙能力差，因此不同地方的种群出现了地理分化。由于人为和环境因素的影响，中国大鲵的分布较为分散。陶峰勇等对中国大鲵5个地理种群的Cyt b基因全序列及其遗传关系进行了分析，发现大鲵在中国的地理种群分为3个区域，即珠江流域、长江流域和黄河流域，大鲵的遗传分化具有地理区域上的连续性，即黄河流域和长江流域的地理种群之间、珠江流域和长江流域的地理种群之间存在较小的遗传差异，而黄河流域和长江流域的地理种群之间存在着最大的遗传分化[13]。杨丽萍等用扩增性酶切片段长度多态性（amplified fragment length polymorphism，AFLP）技术分析了四川、贵州、湖北、陕西和河南等省的五个野生中国大鲵种群的遗传多样性和遗传分化水平，发现中国大鲵分为长江流域和黄河流域两大支，利用非加权组平均法（unweighted pair-group method with arithmetic means，UPGMA）依据种群间遗传距离构建的系统进化树显示大鲵由黄河流域向中南地区进行的迁徙[14]。珠江流域主要为广西种群，长江流域主要为湖南种群、陕西种群和四川种群，黄河流域为河南种群。Liang等研究了33个采样点的320个野生中国大鲵个体的线粒体序列和重组酶激活基因2（RAG2），结果发现中国大鲵存在着7个不同的地理种群[15]。

现今，中国大鲵的野生种群数量已经十分有限。从1982年至今，全国成立了约53个涉及中国大鲵的自然保护区，总面积约为62.51万hm²[16]。各地为了增加中国大鲵资源量，采取了人工放流的措施。人工放流虽然短期内增加了野生种群的数量，但是严重干扰了当地原有种群的遗传结构。因此，有必要加强人工放流增殖的科学规划，进而有效地保护大鲵的自然种群。

大鲵生物学特征

一、大鲵形态特征

大鲵形态学研究对于其个体发育和系统发展的变化规律的揭示至关重要。大鲵形态学研究主要涉及在神经系统、嗅觉系统、排泄系统、生殖系统以及内脏的解剖学结构等，这些研究结果为大鲵的保护、饲养和繁殖提供了一定的形态学依据。

大鲵身体呈略扁圆柱形，尾部扁平形（图1-1）。皮肤光滑通常显灰褐色，有各种各样的斑纹。背面为棕黑褐色，有较大的黑斑，腹面颜色较浅。皮肤有金黄色、黑色以及浅黄色。头部较宽而且扁平开阔，口部很宽大，上、下颌都具有细齿。眼睛很小，没有活动的眼睑。鼻孔极其细

图1-1　大鲵外形

小。眼睛和鼻孔均位于头部的背面。头部皮肤上有显著的疣粒，疣粒多数排成两列。从颈部至体侧有明显的皮肤褶皱。尾部为侧扁形，末端钝圆形。大鲵具有较短的四肢，具备了陆生脊椎动物的附肢骨和肌群及关节。前后肢的后缘均有皮肤褶皱。前肢略小，后肢较为粗大。前肢有四指，后肢有五趾，趾间有微蹼，以便于游泳。指和趾的末端均呈小球状，没有爪。前肢与后肢之间的体侧褶起于前肢后方，开始为上下平行2条褶皱，向后逐渐并拢为1条褶皱[17]。

张育辉等采用大体解剖及组织学方法研究了陕南的大鲵成体及亚成体脊髓的形态结构下的细胞构筑，包括脊髓的一般形态、灰质及白质。研究结果表明，大鲵脊髓和其他有尾两栖动物基本一致，但是第35节段以后的脊髓形状是背凸腹凹，灰质较为狭窄，与圆口动物脊髓相似。同时能够观察到髓内感觉细胞和髓外的背根节细胞并存，中间神经元与圆口类、鱼类相似，躯体运动神经元腹内侧群细胞与高等动物相似。这些脊髓形态特征说明了大鲵在种系发生中的过渡特点和原始性[18]。

嗅觉系统对动物的摄食、御敌及生殖均有重要作用。大鲵视力较差，主要依靠发达的嗅觉补偿发育较弱的视觉。张育辉等进一步采用光镜和扫描电镜对大鲵嗅觉器官——嗅器、味器的形态结构进行了观察。经形态学观察可以看到，大鲵嗅器的嗅上皮厚、嗅

细胞密集、嗅神经粗大，表明大鲵嗅觉发达，这与其夜间活动和捕食习性是相适应的。大鲵嗅上皮细胞形态及分布与蝾螈类似，鼻囊外形和结构与鳗鱼相似，但与无尾类、爬行类动物相比差异较大，这些特点也说明大鲵进行肺呼吸的机能非常弱，上岸生活的能力很差，只能终生在水中栖息[19]。

出于对大鲵养殖研究的需要，人们对大鲵消化系统进行了大量的研究。肖汉兵等进行了大鲵消化系统的解剖学观察，发现大鲵胃黏膜较厚，胃腺较发达，肝脏较大，比肝重达4.41%[20]。宋鸣涛研究了大鲵的食性，发现大鲵全年的食物有线虫、螃蟹、大鲵幼体、昆虫幼成虫、马陆、鱼、青蛙等动物，可吃食物范围较广[21]。大鲵的牙齿不能咀嚼，类似于蛇的进食方式将食物囫囵吞咽，然后在胃中慢慢消化，这表明大鲵胃中的消化酶对食物具有极强的消化能力。彭克美等对大鲵消化系统进行观察，发现大鲵具有很宽的口裂，口咽腔低壁前方有不发达的舌，其胃肌层发达，贲门口很大，直肠特别粗大，肝极为发达[22]。李宁等对大鲵胃肠道胚后发育进行了观察，发现出膜第7天的大鲵胃肠道尚未分化，为一直管，第21天时，已有胃和肠的分化，出膜第35天时，分化出了胃、小肠和大肠[23]。

大鲵作为一种独特的水栖动物，其排泄系统与同纲其他动物不同，陈献雄等从解剖学的角度对大鲵的肾脏、中肾导管、膀胱和泄殖腔进行了观察。肾脏是大鲵的主要排泄器官，同时也是大鲵的造血器官，尤其在幼体时期更为明显，这与某些鱼类和两栖类动物相似。另外，大鲵的肾几乎贯穿整个体腔，其中血管球较长、血管球径较宽，说明其肾脏过滤效能较强；大鲵的膀胱很大且壁较薄，结构比同纲其他动物复杂。大鲵排泄器官的形态结构特征与其长期水栖生活相适应，在进化进程中处于较原始的位置[24]。

大鲵作为国家二级保护动物，繁殖是其保护工作中的重要环节，因此，更多的研究集中于大鲵的生殖系统。阳爱生观察了大鲵卵子发育的过程[25]。刘鉴毅等观察了大鲵成熟精、卵的形态变化以及受精卵孵化中的形态变化，发现大鲵精子呈尖椒状，全长约为190μm，头部占全长的25%，头尾部之间无颈部，大鲵卵呈念珠状长链型带形卵，在孵化过程中逐日吸水增大，第5天吸足水分；胶带也逐日吸水增大，且在第4天吸足水分[26]。姚一彬等进行了中国大鲵胚胎发育形态特性比较研究，发现人工繁育的大鲵在胚胎发育至神经胚胎期和器官形成期，有明显的"神经沟出现""视泡形成"和"心脏跳动"的特征，同时发现大鲵的人工繁育和仿生态养殖方式在大鲵胚胎发育的卵裂和神经胚期存在很大差异[27]。罗亚平等进行了大鲵雌性生殖系统的解剖学和组织学研究，对大鲵冬季卵母细胞中的线粒体及大小卵母细胞进行了系统的观察，发现靠近卵核区域的大多数是没有形成明显嵴的原线粒体，散在卵质中的大多数是成熟的有嵴的线粒体[28]。罗亚平等还在冬季观察了雄性大鲵生殖系统，发现冬季大鲵的左右精巢不在同一个水平面上，有不明显的纵沟，精巢呈长卵圆形，只有精原细胞和少量的初级精母细胞[29]。刘进辉等观察了大鲵精巢的解剖及组织形态结构，发现其由被膜和实质构成，被膜由外层和内层的白膜构成，实质由皮质部和髓质部两部分构成[30]。刘鉴毅等研究了野生中国大鲵与人工繁殖子一代雄性形态及精液特性，发现子代雄性鲵比野生雄性鲵体型略显短小肥胖，进行二次催产实验时，子代比野生代催产率显著提高（P<0.05），子代雄鲵精液量比野生雄鲵精液量多20%~40%[31]。

大鲵皮肤裸露，富含腺体和血管，具有呼吸功能，皮肤腺遍布全身，为黏液腺，分泌的黏液附着于体表，使皮肤经常保持湿润，在受到外界刺激会分泌出大量乳白色黏液。郭文韬研究了大鲵皮肤附属物的特性，认为大鲵皮肤附属分泌物和蜕皮可以多次产生，属于可以利用的可再生资源[32]。Lan等在组织和细胞水平上研究了大鲵皮肤腺以及刺激皮肤分泌腺产生黏液的过程，大鲵在受到电刺激时体表分泌出具有胡椒味的白色黏液[33]。

二、大鲵微观结构研究

张育辉等对大鲵卵母细胞发育的显微和超微结构进行了初步研究，发现贴近卵核的类核周体由核仁样体和线粒体群构成，远离卵核的类核周体仅由线粒体群构成，作者还认为线粒体将致密物质释放于脂滴内，或者卵黄前颗粒与脂滴直接相融形成卵黄物质沉积[34]。张育辉等观察了大鲵产卵前不同时期垂体的显微和超微结构及其变化，发现在8月时促性腺激素（gonadotropic hormone，GTH）细胞中由于大分泌颗粒的变形而出现一些不规则的团块，小分泌颗粒出现融合现象[35]。

杨国华等采用透射电镜研究了大鲵成体皮肤侧线器官中机械感受器即表面神经丘和陷器官的超微结构，发现皮肤侧线器官中机械感受器和陷器官都是由周围的套细胞、底部的支持细胞及中央的感觉细胞组成，感觉细胞游离面均有一根动纤毛和十几根静纤毛[36]。

王立新等构建了大鲵皮肤的互补脱氧核糖核酸（complementary DNA，cDNA）文库，通过文库质量检测、随机测序、表达序列标签（expressed sequence tags，ESTs）拼接、COG软件进行基因注释等对文库进行了分析，获得了大鲵胞质动力蛋白轻链2（DynⅡ 2）基因的cDNA序列，通过比较分析发现大鲵DynⅡ 2蛋白三级结构与鼠DynⅡ 2蛋白的三级结构相似，这表明大鲵与其他无尾两栖类相比，更接近陆生动物[37, 38]。

辛泽华等研究了大鲵7种组织器官蛋白水解酶的种类和活性分析，发现大鲵肾脏和肌肉的蛋白水解酶活性强，种类多，大鲵脑、心脏、肺、皮肤的蛋白水解酶活性弱，种类少，脑中的蛋白酶最适pH为酸性，心、肺及肾的蛋白酶最适pH为中性偏酸，皮肤及肌肉中蛋白酶的最适pH为中性[39]。彭亮跃等对大鲵不同组织器官中同工酶进行了比较，包括乳酸脱氢酶（LDH）、酯酶（EST）和超氧化物歧化酶（SOD），研究结果有助于了解大鲵遗传物质特征，为建立和保护人工种质资源和基因库提供依据[40]。对大鲵微观结构的认识，有助于人们对大鲵的保护利用。

第三节　大鲵的人工养殖

发展大鲵的人工养殖技术，对大鲵的保护和利用具有重要意义。长江、黄河、珠江等流域各省区纷纷开展了大鲵的驯养殖工作。大鲵人工繁殖技术主要包括养殖环境的建设、亲本大鲵的选择与培育、大鲵苗种繁育、大鲵饲养技术、病害防治、水质管理技术和饵料管理技术等几个方面。

一、养殖环境的建设

大鲵对生长环境要求较高。大鲵生长于山林中的溪水环境中，环境幽静、阴凉、空气清新，植被覆盖率达到80%~90%，海拔为100~2800m。俗话说，有大鲵就有好水，大鲵生长要求水质优良，无污染，水中溶氧量丰富，在3mg/L及以上，pH 6.5~8.8[41]。大鲵最适水温在16~23℃，水温低于10℃或者高于25℃时，大鲵就会减少摄食量，行动变得迟缓，生长缓慢[41, 42]。大鲵生长过程中，自然流水声对其生长发育起着至关重要的作用。

根据不同的养殖环境，发展出了相应的大鲵养殖技术。目前大鲵养殖主要有工厂化养殖和仿生态养殖两种方式。工厂化养殖模式是利用房屋、地下室或开挖隧道建造不同规格的大鲵饲养池。养殖用水多是地下水或者附近的河水及泉水。这是一种完全脱离了大鲵原始生态环境而进行的繁育养殖模式。工厂化模式始于20世纪90年代，目前，在全国13个省区都有按照此模式进行大鲵养殖的养殖场。

目前，大鲵人工养殖在地理位置上也在不断获得新的突破。我国辽宁省大连市，位于辽东半岛南部，与山东半岛隔海相望，与日本、韩国、朝鲜和俄罗斯远东地区距离较近，位置在东经120°58′~123°31′，北纬38°43′~40°10′之间。在此地进行大鲵的人工养殖需要克服生态及地理条件，探索不同生长季节条件下的养殖管理，在此之前并未进行过大鲵养殖的尝试。大连裕康生物科技股份有限公司通过设计大鲵幼苗养殖装置、室内养殖池、水处理装置、水温控制系统以及增氧装置，选择合适的地下水源，克服夏季高温、冬季低温的高纬度地理环境，在大连市普兰店实现了大鲵的人工养殖。其普兰店兴隆堡基地种鲵、后备种鲵、子二代商品鲵数量已达21000余尾（图1-2）。

图1-2　室内大鲵养殖池（大连裕康生物科技股份有限公司）

　　在陕西、贵州、湖北、河南等省形成了大规模的生态养殖散户[2,43,44]。生态养殖大鲵模式要求选址于能适宜大鲵自然繁育的地区，一年四季水源充沛，水质随季节变化波动不大，冬季不结冰，或轻微结冰，海拔在400~800m，植被茂盛。每个繁殖池4m²，池内建两个独立的洞穴，雌雄按1:1配置，繁殖整个场区要有较高的植被覆盖率，防止夏季繁殖池曝晒时间过长，有些水生植物对大鲵的性腺发育有促进作用，繁殖池用水需经过3级大型沉淀过滤池，场内还需要配置大型水塘，用于饵料鱼暂养和消毒。生态养殖需要人工干预的方面少，整个繁殖过程都按照大鲵的生活习性自行完成，亲鲵繁殖能力退化比较慢，孵化率高，孵化出的幼苗体质较好。图1-3所示为张家界的大鲵生态养殖场。

（1）   （2）

图1-3   张家界大鲵生态养殖场

二、亲本大鲵的选择与培育

亲本大鲵的选择是进行大鲵养殖的第一步，也是最关键的一步。亲本大鲵的来源需要具有亲鲵族谱清晰，遗传基因有保障的大鲵。首先进行隔离观察引进的亲本大鲵。选择5岁龄以上、体重600g以上，个体健壮、亲缘关系明晰，具有健康、多产家族史的大鲵作为人工养殖的亲本鲵。按照每2m²养殖池中1条雌性大鲵、1条雄性大鲵的数量进行放养。按时投喂鲜活生物饵料，营造避光和微流水环境。

三、大鲵苗种繁育、大鲵饲养技术

大鲵的繁殖季节一般在5~9月，8~9月为产卵盛期[45]。在6月下旬，亲鲵成对活动及相互争斗的现象会越来越多。此时，需要选择体质健壮、性腺发育成熟的大鲵作为人工养殖的亲鲵。候选作为亲鲵的大鲵，需要在生产前1个月左右，投放一些高蛋白、高热量的饵料，如虾、青蛙、鱼等，以增加亲本大鲵的营养。其中投放青蛙、溪蟹可以提升雌鲵卵带的质量[46]。7月下旬至8月上旬的午夜和黎明前，亲鲵进入发情期。此时，需要采用促进亲鲵性腺发育的措施，调整光照、水温、食物和水流量等影响因素。在投喂的饵料中适当添加鱼或蛙的脑垂体、中药等具有促进亲鲵性腺发育的动植物组织。

人工催产是常用的大鲵繁殖手段。常用的催产剂有绒毛膜促性腺激素（HCG），促黄体生产释放素类似物（LRH-A、LRH-A₂），鲤、鲫鱼脑垂体（PC）等[42]。催产时间在7月底至8月中旬。采用干湿法进行人工授精。先选出能挤出精液的雄鲵，经过显微镜检验，选择精子活力最强的精液作为种精液。当雌鲵产出卵胶膜之后，将雌鲵从养殖池中捞出，放于担架上，由前到后轻压腹部，使卵带缓慢流入盆中，控制卵带长度在20~30颗卵粒。在卵带流出后，将准备好的精液附在卵带上，在5~10min后，再加入少量清水，30min后换水，进入孵化阶段。整个过程需要做好消毒工作。

在孵化池和孵化盘中进行大鲵受精卵的孵化。孵化过程保证孵化室内弱光或者无光照，水温在17~19℃，变化幅度不能超过±1℃，水中溶氧量在7mg/L以上。使用微水流流经孵化盘，48h后，可观察到受精卵表面裂变成"十"字形沟。及时清理掉未出现"十"字形沟的卵。在第33~38天时，四肢长成，开始破壳孵化。在第53~60天时，卵黄消失，幼鲵各器官逐步发育，可以捕食水中浮游生物[41]。此时，可以投喂水蚤、蚊蝇、鱼浆等饵料。

幼鲵在刚开口摄食阶段，各组织器官仍处于"变态发育"的阶段，不适宜的环境因素可以导致幼鲵的"体残"或者"畸形"。对于外购的幼鲵，放养前应进行适应性饲养。将幼鲵池水温调节到与运输水温一致，再进行放养。大鲵有以强欺弱的特性，因此需要将同一规格的幼鲵放养在同一池中，同时要保持幼鲵适宜密度[47]。

成鲵的养殖需要2~3年时间。整个饲养阶段按照个体规格分设大、中、小进行分级分池饲养，放养密度为5~50尾/m^2，放养个体之间的差异不宜相差0.5倍以上[48]。每半年进行一次分养，当体重一般在1500g左右时，将密度减少到10~20尾/m^2。

四、病害防治

大鲵人工养殖容易产生疾病，因此需要对其生长过程进行监测。大鲵具有非特异免疫系统，其皮肤及其分泌的黏液就是其组成之一。大鲵体表黏液化学组成极其丰富，起着保护自身机体的第一道重要防线的作用，对大鲵的生长过程有重要的生理作用。大鲵皮肤表面具有丰富的黏液腺和颗粒腺，颗粒腺分泌大量乳白色液体，黏液腺分泌的水样透明液，并且皮肤腺收缩时可排出腺腔中的黏蛋白，能保持皮肤湿润。生活在潮湿环境中，无疑给微生物提供了较好的生存环境。因此在长期进化过程中，皮肤形成了分泌大量分子结构特殊、功能复杂多样的生物活性物质，逐渐形成了非特异性免疫防御机制，以对抗外源性病原体的侵袭。大鲵同时也具有特异性免疫系统。大鲵的特异性免疫能力通过基因遗传给下一代。大鲵的健康状态与其非特异性免疫、特异性免疫系统的状态密切相关。

许多外在因素是导致大鲵病害发生的原因。如未及时处理的外伤、长时间处于溶氧不足的水中、养殖过程中的药物滥用、饵料营养不全面、水温的突然变化、病原生物的侵入等因素是导致大鲵患病的外在因素。

常见的病害有疖疮病、赤皮病、腐皮病、病毒性腹水病、细菌性腹水病、出血性败血病、烂尾病、胃肠炎病、大脚病、水霉病、车轮虫病、弯体病等。正确诊断出大鲵的致病原因，是成功防治大鲵疾病的关键。大鲵的病害防治，应坚持预防为主，治疗为辅的原则。在大鲵病害预防和治疗中，使用国家标准渔药，禁止使用高毒、高残留、水域环境污染严重的渔药。

新建的大鲵养殖池，需清水浸泡2个月以上才可以使用。对养殖池要进行消毒，消毒后需要有一段休药期。还可以使用药饵防治大鲵病害。总之，防治大鲵病害的发生，需要采取多种措施。

五、水质管理技术

大鲵养殖水质管理主要有养殖用水的管理和养殖污水的处理。大鲵对水质要求较严格，要求水质优良、无污染、无浑浊。原生态养殖与仿生态养殖主要是利用自然的溪涧、河流。水质、水温都与大鲵在自然界的生长状态相仿。在工厂化立体养殖大鲵模式中，养殖水源取自无污染的地下水，pH为6.5~7.4。水质符合《渔业水质标准》（GB 11607—1989）的规定。池水深度保持在0.3~0.4m，水流速控制在0.3m/min左右。在大鲵的繁殖季节，需要增加雄性大鲵的水量，刺激雄性大鲵的性腺发育成熟。人工营造的流水声对于大鲵的繁殖发育具有重要作用。大鲵属于变温动物，对温度极其敏感。生长水温需要控制在10~22℃。水中溶氧量在5mg/L以上。

水产养殖废水如果不经过处理，会对环境造成严重影响。大鲵养殖过程中排出的废水中主要含有残饵和粪便。一般采用废水物理处理技术就可以达到排放标准。可以采用厌氧生物预处理与水草湿地处理相结合的方法进行养殖污水处理。净化后的污水最后集中使用50~80mg/L的有效氯或者0.5~1mg/L的臭氧消毒后排入环境[42]。

六、饵料管理技术

大鲵属于动物食性两栖动物。宋鸣涛研究了大鲵的食性，发现大鲵全年的食物有线虫、螃蟹、大鲵幼体、昆虫幼成虫、鱼、青蛙等动物，可吃食物范围较广[21]。大鲵的牙齿不能咀嚼，类似于蛇的进食方式将食物囫囵吞咽，然后在胃中慢慢消化，大鲵胃中的消化酶对食物的消化能力很强大。大鲵有很强的耐饥本领，饲养在清凉的水中两三年不进食也不会饿死。同时它也能暴饮暴食，饱餐一顿可增加体重的1/5。在食物缺乏时，还会出现同类相残的现象，甚至以卵充饥。

人工养殖大鲵过程中，饵料的成本占养殖成本的75%[45]。幼鲵与成鲵的营养需求不同，因此需要投喂不同的饵料。米虾是幼鲵的最佳饵料，其次为鱼块。金立成经过三年实验人工配合饲料投喂幼鲵，与投喂动物性饲料相比，发现幼鲵生长速度更快，人工配合饲料由鱼粉50%~60%、α淀粉12%、豆饼8%、麦糠4%、蚕蛹渣5%、骨粉1%、花粉1%、混合维生素1.5%、抗生素0.5%、生长素0.05%、柠檬酸0.5%、中草药1%、矿物质1.5%以及在每50kg饲料中加入18g甲硫氨酸、18g色氨酸和16g精氨酸等组成[49]。这是较早进行人工配合饲料饲养大鲵的研究。

成鲵阶段主要饲喂鲜活或者冰鲜的鱼为主，主要投喂的有泥鳅、鲢鱼、鲫鱼以及河虾等。单一的饵料不利于大鲵的生长发育。采用鲻鱼、黄带鲱鲤及黄鳝饲喂大鲵比用其中一种鱼饲喂的大鲵生长得快[50]。结果表明，饲喂大鲵的饲料需要多种营养成分。人工配合饲料不但具有营养丰富的优势，而且具有经济方面的优势。张皓迪等进行了配合饲料和鲢鱼肉饲喂大鲵对其生长的比较，其中人工配合饲料含有粗蛋白55.67%、粗脂肪6.83%，而鲢鱼肉含有粗蛋白18.03%、粗脂肪4.11%，饲喂大鲵92d的结果表明，人工配合饲料可以提高大鲵的生长性能、促进大鲵合成皮肤胶原蛋白和肝脏的抗氧化能力[51]。紫苏叶作为饲料添加剂添加于人工配合饲料中饲喂大鲵明显改善了大鲵的终末尾均重、增重率和特定生长率，降低饲料系数[52]。大鲵在适宜水温的条件下，1~2d投喂饲料1次。一般采用夜晚投喂，夏季20：00~22：00，冬季18：00~20：00[47]。

在实际大鲵养殖过程中，频繁更换饲料或者饲料种类搭配不当会造成大鲵应激反应和摄食异常，严重影响大鲵的生长[53]。应激反应积累到一定程度会引发疾病。在饲喂大鲵过程中，要避免营养应激源为主的应激反应。

第四节 大鲵的药用价值

大鲵自古以来就是传统的药用动物，在《本草纲目》《草本拾遗》等经典医著中均有描述。中医认为大鲵性甘平，有毒，具有补气、养血、益智、滋补、强壮等功效，主治神经衰弱、病后体虚、贫血、痢疾等[6-7]。1978年出版的《全国中草药汇编》将大鲵列为药品[6]。大鲵的皮肤及其分泌物、肌肉、脏器、骨骼等均可入药，可见其在中药学中占有重要的地位[7]。在传统医学中，大鲵一般去除内脏后全体入药，每次用量为15~30g[6]。现代医学认为，大鲵具有聪明益智、延缓衰老、提高造血机能和免疫功能，可以辅助防止心脑血管系统疾病、恶性贫血和恶性肿瘤的作用[8]。民间有以大鲵皮肤粉拌桐油治疗烫伤、以其胆汁用以解热明目、以胃治疗小孩消化不良、以皮肤黏液预防麻风病的方法，疗效十分明确[54]。

以大鲵为主要原料研制出的"天宝春"口服液，经过31~83岁长期服用钙片无法补钙患者的服用，服用3~10个月后，发现患者骨密度都有所改进[55]。李唯等利用大鲵骨粉对佝偻病模型大鼠补钙作用进行了研究，发现大鲵骨粉显著改善缺钙大鼠体重、对缺钙大鼠血液中的血钙、血磷和碱性磷酸酶的制备具有显著提升作用，能促进股骨生长，对因缺钙造成的骨钙流失有一定的改善作用[56]。李唯等考察了利用大鲵肉蛋白饲喂小鼠的免疫功能，发现饲喂大鲵蛋白各剂量组（1.0、3.0、6.0g/kg）小鼠血清溶血素、脾脏抗体水平、碳粒廓清指数均有所提高，各剂量组能够抑制环磷酰胺降低的小鼠迟发性超敏反应，研究结果表明，大鲵肉蛋白具有较好的免疫调节作用[57]。曹洁等考察了纯大鲵粉对小鼠免疫功能和抗疲劳作用的影响，发现纯大鲵粉能增强小鼠免疫功能，增强小鼠的抗疲劳作用[58]。杨志伟等用大鲵肉浆培养果蝇，发现大鲵肉能显著提高果蝇寿命、生殖能力、飞翔能力、耐寒能力以及体内超氧化物歧代酶（SOD）活性，其脂褐素（LF）水平显著下降，大鲵肉能够延缓果蝇的衰老[59]。黄正杰等进行了大鲵肉的乙醇浸提物延缓秀丽线虫衰老作用研究，通过测定秀丽线虫寿命、后代数、虫体大小及线虫的急性热应激和急性氧应激能力，发现大鲵乙醇浸提物具有显著延长线虫衰老过程、不影响线虫生殖能力以及提高线虫的急性热应激和急性氧应激能力的作用，因此大鲵乙醇浸提物具有提高线虫寿命的作用[60]。蔡佳佳等研究了大鲵肉对D-半乳糖诱导致衰老小鼠的影响，结果表明，大鲵肉各剂量组［16、32、48mg/（g·d）］小鼠体质量比模型组增加，血清SOD活性升高，丙二醛（MDA）含量减少（$P<0.05$），大鲵肉低、中剂量血清端粒酶活性有所升高，大鲵肉高剂量组血清端粒酶活性显著升高（$P<0.05$），因此大鲵肉对D-半乳糖诱导致衰老小鼠有抗衰老作用[61]。上述这些研究结果，是对大鲵具有补气、养血、滋补、强壮等功效的诠释。

大鲵皮和黏液是大鲵的重要药用部位。陈曦等对大鲵皮、黏液在烫伤、抗菌等领域的应用开展了相关的药理实验，将大鲵皮粉、大鲵黏液配成大鲵皮肤药膏、大鲵黏液药膏进行烫伤药理实验，发现这两种药膏明显缩短大鼠烫伤后创面的愈合时间，这两种药膏愈合速度比对照的药膏快，同时真皮附件结构完整。大鲵皮肤药膏、大鲵黏液药膏还含有桐油、野生茶子油、香油、冰片、凡士林及蜂蜜等[62]。在另外的一项研究中，陈曦等认为大鲵皮、大鲵黏液具有收敛生津，抗菌消炎的功效，并在实验中发现大鲵皮对绿脓杆菌、金黄色葡萄球菌、沙门菌有明显抑制作用[63]。郭洁和华栋观察了大鲵皮对小鼠烫伤的治疗和镇痛作用，发现桐油拌大鲵皮粉具有较好的镇痛作用[64]。

王利锋等发现大鲵皮肤分泌物中存在有抗菌肽，对铜绿假单胞菌具有抑制作用，该抑菌肽经Sephadex G-50、Sephadex G-25分离，经N-三（羟甲基）甲基甘氨酸-十二烷基硫酸钠-聚丙烯酰胺凝胶电泳（Tricine-SDS-PAGE）检测发现该抑菌肽相对分子质量为4300，等电聚焦电泳结果表明该抗菌肽存在于pH梯度（pH 3~10）电泳中的偏碱性区域，表现出较强的阳离子特征[65]。金文刚等对大鲵皮肤分泌的抗菌肽Andricin 01进行了生物信息学分析，表明Andricin 01理论等电点为6.78，体外在哺乳动物细胞中的半衰期为4.4h，在酵母菌中半衰期>20h，在大肠杆菌中半衰期>10h，Andricin 01为疏水性稳定蛋白质，α-螺旋和无规则卷曲分别占70%和30%，它没有跨膜区、信号肽及糖基化位点[66]。李林格等发现大鲵黏液具有抑制螨虫的作用[67]。利用透明胶带粘贴法从志愿者面部获得毛囊螨。随机分成3组，每组至少15只螨虫。将大鲵体表黏液用生理盐水分别配成2mg/mL样品液；阴性对照为生理盐水。将两种种液体分别加入到粘有虫体的载玻片上，使之与虫体充分混合，在显微镜下确定虫体活动良好后，将两组载玻片放入湿盒中，置于28℃恒温培养箱中，于4、8、12h观察虫体死亡情况，实验结果如表1-1所示，螨虫与大鲵体表黏液共同培养相比与生理盐水共同培养具有较高的死亡率[67]。《本草纲目》中记载大鲵有毒，主要是指大鲵体表黏液的生物活性。

表1-1 螨虫与大鲵体表黏液或生理盐水共同培养的死亡率[67]

组分	虫数/只	4h		8h		12h	
		死亡/只	死亡率/%	死亡/只	死亡率/%	死亡/只	死亡率/%
大鲵体表黏液	103	72	69.90	84	81.55	91	88.35
生理盐水	84	2	2.38	4	4.76	9	10.71

大鲵脂肪多分布在尾部和腹腔内。张佳婵等采用碱性蛋白酶解法提取了大鲵尾部脂肪，并利用正交实验研究了最佳提取条件，结果表明在50℃条件下，酶解1h，加酶量为1.5%（占匀浆前大鲵组织质量的百分比），pH为6，所获得的大鲵油中含有16种脂肪酸，其中二十二碳六烯酸（docosahexaenoic acid，DHA）为4.7%，二十碳五烯酸（eicosapentaenoic acid，EPA）为4.2%[68]。大鲵脂肪含量不高，但是其DHA含量丰富。DHA与EPA可以抑制内源性胆固醇和甘油三酯的合成，降低血液中甘油三酯、胆固醇以及低密度脂蛋白的含量，因此具有防治心血管疾病的作用[69]。DHA与EPA还具有免疫调节作用和抗炎作用。DHA具有促进婴幼儿的神经和视觉系统发育的作用。在大

鲵脂肪中发现的DHA与EPA为人们提供了新的来源。大鲵对生长环境要求极高，因此大鲵来源的DHA与EPA与鱼油中的不同，不存在环境污染问题。但是大鲵同样作为水生生物，大鲵的脂肪也存在较大的鱼腥味，因此在利用大鲵脂肪的时候，需要解决其鱼腥味的问题。大鲵脂肪鱼腥味的解决办法可以借鉴鱼制品的鱼腥味的解决办法，可以利用活性炭、茶叶以及酵母菌。因此，大鲵油可以开发成预防心脑血管疾病的保健食品及特殊医学用途食品。

动物药往往具有复杂的化学成分，是动物药发挥药理作用的重要化学基础。从大鲵中提取的多种化学成分具有各种各样的生理活性。徐伟良等分离获得的大鲵黏液蛋白具有体外抑制人肺癌细胞A549的活性，且具有浓度依赖性，在黏液蛋白浓度为40μg/mL，作用48h，抑制率可达92.32%[70]。张金豫等分离出了一种大鲵黏液糖蛋白（MGP-Ⅲ），相对分子质量约为58000，具有较好的抗氧化活性[71]。董渭雪等利用碱提醇沉法从大鲵黏液冻干粉中获得了糖蛋白，具有抗氧化和保护大肠杆菌抗紫外线作用[72]。虽然现代科学研究已经证实了大鲵的药用价值，但在《中华人民共和国药典》中，并没有中药大鲵的收录。这限制了大鲵作为中药制剂的发展和使用。这其中重要的原因在于养殖大鲵的利用法规政策落后于大鲵养殖的实际状况。从大鲵的药用价值来进行开发利用大鲵，将会给大鲵产业带来更高的经济效益。

第五节　大鲵的化学成分

大鲵作为我国珍贵的国家二级保护动物，除了本身所具备的生物学和生态学的价值外，大鲵体内独特的化学组成也使其具有较高的经济和药用价值。研究表明，大鲵的肌肉、皮肤、内脏、脂肪、血液等含有丰富的蛋白质、氨基酸、多糖、脂肪酸、色素及微量元素等，目前在大鲵体内已经发现50多种天然活性物质[73]。这些化学成分是大鲵作为保健食品、药用产品开发利用的主要依据。

一、大鲵肌肉与骨中的化学成分

（一）氨基酸与蛋白质

蛋白质是大鲵肌肉的主要成分，主要有肌浆蛋白、肌原纤维蛋白和肌基质蛋白，其中肌浆蛋白质相对分子质量在20000~200000，占4.91%；肌原纤维蛋白包括相对分子质量为20000的肌球蛋白重链、43000的肌动蛋白以及36000的肌原球蛋白，占9.03%；肌基质蛋白相对分子质量分布在29000~40000/160000~200000，占2.28%[74]。罗庆华分析了野生大鲵、仿生态养殖大鲵以及人工养殖大鲵之间的肌肉营养价值，发现仿生态养殖的大鲵肌肉中水分低，蛋白质含量分别高于野生大鲵与人工养殖大鲵20.41%与11.09%[75]。刘绍等发现大鲵肉中蛋白含量丰富（164.3g/kg），氨基酸组成全面，符合人体需要量模式，且呈味氨基酸含量和比例高[76]。对大鲵肌肉、体表黏液的氨基酸组成测定与分析结果如表1-2所示，结果表明大鲵肌肉和大鲵体表黏液的氨基酸组成都非常全面，符合人体需要，为优质食物蛋白质来源[76, 77]。

表1-2 大鲵肌肉氨基酸组成[76]

氨基酸	摩尔分数/%	氨基酸	摩尔分数/%
苏氨酸（Thr）	5.0	苯丙氨酸（Phe）	3.5
丝氨酸（Ser）	5.2	组氨酸（His）	2.2
脯氨酸（Pro）	4.1	赖氨酸（Lys）	8.0
甘氨酸（Gly）	8.3	精氨酸（Arg）	4.9
丙氨酸（Ala）	8.8	甲硫氨酸（Met）	2.8
缬氨酸（Val）	5.6	半胱氨酸（Cys）	1.2
异亮氨酸（Ile）	5.2	天冬氨酸/天冬酰胺（Asx）	9.7
亮氨酸（Leu）	8.4	谷氨酸/谷氨酰胺（Glx）	12.5
酪氨酸（Tyr）	2.7	色氨酸（Trp）	1.1

杨慧等利用扫描电子显微镜观察肌浆蛋白、肌原纤维蛋白和肌基质蛋白发现，肌浆蛋白蛋白束平滑，肌原纤维蛋白为棒状或颗粒状聚合物，肌基质蛋白具有完整的纤维结构[74]。

（二）硫酸软骨素

大鲵软骨中富含有硫酸软骨素（chondroitin sulfate，CS）。CS广泛存在于各种动物的软骨和结缔组织中。不同来源的CS在分子结构和组成上有很大的区别，因而它们的提取工艺和应用上也有很大的不同。CS的基本结构单位为葡萄糖醛酸与N-乙酰氨基半乳糖通过β（1→3）糖苷键相连接的二糖结构单位。不同位置的硫酸化形成了不同的CS结构。邢新会等利用碱水解、胰蛋白酶酶解、醇沉等方法，从大鲵软骨组织中分离出多种硫酸化位点不同的CS，平均相对分子质量在60000~80000，软骨素占总质量的15%以上[78]。临床上，CS被用来防治关节炎、肾炎、神经痛、心血管疾病以及眼科疾病等，CS在医药领域有着广阔的应用空间。

（三）矿物质

刘绍等测定了大鲵肌肉和软骨中的几种重要矿物质钙、铁、锌、硒的含量，发现大鲵体内这几种矿物质的含量非常丰富，在大鲵肌肉中锌含量达40.77mg/kg，硒为0.381mg/kg，其中大鲵软骨含有锌为53.15mg/kg、铁为5.76mg/kg、钙为4926.9mg/kg及硒为0.403mg/kg，肌肉和软骨中的锌含量是常见淡水鱼和海水鱼的数倍[76]。张丽萍等对陕西省宁强县的人工养殖大鲵进行分析发现，新鲜的肉中铁为0.96mg/kg、铜为0.086mg/kg、锌为1.96mg/kg[79]。王苗苗等研究了张家界大鲵肌肉中的矿物质含量，发现张家界大鲵肌肉中含有较高含量的硒、钾、磷、锌，分别为0.917μg/g、22016.53mg/kg、7484.46mg/kg、109.63mg/kg[80]。熊铧龙等对贵州人工养殖的子二代大鲵骨骼、肌肉中的钙、磷、钾、钠、镁、铁、锰、铜、锌和硒等十种矿物质元素进行了测定，发现在骨骼和肌肉中磷元素含量最高，相对于其他食物，贵州人工养殖子二代大鲵是一种高磷低钙的食物[81]。

二、大鲵尾部和腹部皮下的化学成分

大鲵尾部和腹部皮下分布有大量的脂肪。人工养殖大鲵的脂肪含量最低，为9.63%，而野生大鲵与仿生态养殖大鲵分别为14.25%与12.86%[54]。王军等研究了大鲵油脂肪酸的组成，并分析了其流变性，其中通过超临界CO_2流体萃取从大鲵肉中获得大鲵油，进而发现大鲵油主要有12种脂肪酸组成，C18：1、C16：0、C16：1、C18：2、C20：5、C18：3、C22：6、C14：0、C18：0、C20：4、C22：5和C17：0其含量分别为24.55%、15.64%、16.40%、8.28%、6.74%、5.48%、4.27%、3.00%、2.87%、2.71%、2.64%及2.41%[82]。李林强、眚林森对大鲵肌肉内脂肪酸的组成也进行了分析，发现肌肉内脂肪主要含13种脂肪酸，C18：1、C16：0、C16：1、C18：2、C20：5、C18：3、C22：6、C14：1、C18：0、C22：5、C20：4、C17：0和C17：1，其含量分别为24.2%、15.4%、13.7%、8.2%、6.7%、4.5%、4.3%、3.0%、2.8%、2.6%、2.2%、2.0%、1.9%。饱和脂肪酸（SFA）为20.12%，不饱和脂肪酸（UFA）达71.13%，单不饱和脂肪酸（MUFA）为42.18%，多不饱和脂肪酸（PUFA）为28.15%，其中多不饱和脂肪酸ω-6型与ω-3型之比为0.8，具有较理想的保健功能[83]。两报道相比较，李林强、昝林森比王军等多鉴定出一种脂肪酸，即C17：1。而张佳婵等在大鲵脂肪中发现的脂肪酸主要有16种，其中饱和脂肪酸为24.1%，主要有C14：0、C15：0、C16：0、C17：0、C18：0及C24：0，不饱和脂肪酸为62.5%，主要有C14：1、C16：1、C18：1、C18：2、C18：3、C20：1、C20：2、C22：1、C20：5、C22：6[68]。

从上述研究中可以看到，由于饲养条件的差异，大鲵体内的脂肪酸种类、含量差异较大。这种差异与其生长环境、饲料等因素有关。

三、大鲵内脏中的化学成分

（一）蛋白酶类

2004年，辛泽华等研究了大鲵7种组织器官中蛋白水解酶的种类和活性，发现大鲵肾脏和肌肉中的蛋白水解酶种类多，活性强、大鲵脑、心脏、肺和皮肤中的蛋白水解酶种类少，活性弱，脑中的蛋白酶最适pH为酸性，心脏、肺及肾脏的蛋白酶最适pH为中性偏酸，皮肤及肌肉中蛋白酶的最适pH为中性[39]。2007年彭亮跃等对大鲵不同组织器官中蛋白水解酶进行研究[40]。

成芳等进行了大鲵胃蛋白酶的提取鉴定工作[84]。将大鲵胃依次进行匀浆、抽提、盐析、透析后得到粗酶液。将粗酶液经纤维素DE-52离子交换层析，对其进行蛋白酶活力检测，发现第二个蛋白峰有酶活力，收集并透析冻干。再进行Sephadex G-100凝胶过滤层析，对其进行酶活力检测，发现第二个蛋白质峰的活力较大，收集第二个蛋白质峰，透析，冷冻干燥，得到初步提纯的胃蛋白酶[84]。

将获得的大鲵胃蛋白酶采用TSK-gel G4000 PW$_{XL}$色谱柱（日本Tosoh公司）用高效液相色谱法（high performance liquid chromatography，HPLC）进行纯化（图1-4），所得到的蛋白质峰为单一对称层析峰，这表明所提取的胃蛋白酶较纯。采用酶活力检测方法检测到该蛋白峰有活力，收集此峰，透析并冻干。大鲵蛋白酶的分离纯化结果如表1-3所示。从大鲵胃中提取的胃蛋白酶经四个步骤完成分离纯化，胃蛋白酶总活力为79.06 U，比活力为247.07 U/mg，回收率为4.4%，纯化倍数为239.87[84]。

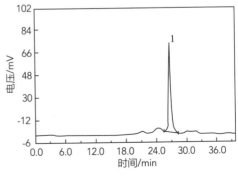

图1-4　大鲵胃蛋白酶高效液相色谱[84]

表1-3 大鲵胃蛋白酶的分离结果[84]

纯化步骤	总蛋白质/mg	总活力/U	比活力/（U/mg）	回收率/%	纯化倍数
粗提液	1745.03	1788.83	1.03	100	1
硫酸铵盐析	370.30	1248.61	3.37	69.8	3.27
纤维素 DE-52层析	53.10	622.56	11.72	34.8	11.38
Sephadex G-100层析	0.32	79.06	247.07	4.4	239.87

　　纯化后的大鲵胃蛋白酶经十二烷基硫酸钠-聚丙烯酰胺凝胶电泳（SDS-PAGE）测定，在加入 β-巯基乙醇和不加入 β-巯基乙醇的情况下均表现为相对分子质量31000。β-巯基乙醇可以打开—S—S—连接的蛋白质亚基，SDS-PAGE测定结果表明，大鲵胃蛋白酶不含有—S—S—连接的亚基[84]。在pH 2、40℃条件下测得的蛋白酶活性为100%，测定温度在5~60℃范围内对大鲵胃蛋白酶活力及其稳定性的影响，温度在20~40℃活性较高，最适温度是40℃，在5~40℃酶活力稳定，高于40℃酶活力开始下降，60℃时酶活力少于20%[84]。pH为2时活性最高，是最适pH，在pH 2~6时酶活力相对稳定。因此，大鲵胃蛋白酶是一种酸性蛋白酶，在酸性环境中，其稳定性较好[84]。以酪蛋白为底物，测定大鲵胃蛋白酶的米氏常数（K_m）为7.3×10^3mg/L，最大反应速率（v_{max}）为2.674μg/min。K_m表明酪蛋白不是大鲵胃蛋白酶的最适底物，而实际大鲵的主要食物中酪蛋白含量较少[84]。测定不同浓度的Ca^{2+}、Zn^{2+}、Cu^{2+}、Mg^{2+}、Ba^{2+}、Li^+、Mn^{2+}和乙二胺四乙酸二钠（EDTA）以及化学试剂对大鲵胃蛋白酶活力的影响，结果如表1-4所示。Li^+对酶有轻微的抑制作用，Mn^{2+}、Ca^{2+}、Zn^{2+}、Mg^{2+}、Ba^{2+}、Cu^{2+}对酶活力无影响，EDTA对酶活力有很强的抑制作用，EDTA对大鲵胃蛋白酶有很强的抑制作用，表明大鲵胃蛋白酶有可能是金属蛋白酶[84]。

表1-4 金属离子和EDTA对胃蛋白酶活力的影响[84]

单位：%

项目	相对酶活力	
金属离子（浓度）	5mmol/L	10mmol/L
Ca^{2+}	96.77	96.45
Zn^{2+}	99.33	98.49
Cu^{2+}	101.63	94.05

续表

项目	相对酶活力	
Mg^{2+}	100.04	94.05
Ba^{2+}	101.02	97.59
Li$^+$	89.60	83.04
Mn^{2+}	94.99	84.98
EDTA	56.74	44.90

溴乙酸（BrAc）能较专一地修饰蛋白质的组氨酸残基。当BrAc的浓度范围为20~80μmol/L时，大鲵胃蛋白酶活力缓慢下降，当浓度为100μmol/L时，酶活性仅为9.6%，几近失活。说明组氨酸是酶活性必须基团之一。N-溴代丁二酰亚胺（NBS）能较专一地修饰蛋白质的色氨酸残基[85]，在NBS的浓度为2~8μmol/L时，酶活力不受影响，NBS浓度大于8μmol/L时，酶活性急剧下降，可见大鲵胃蛋白酶酶活性中心基团含有色氨酸。通过上述这些研究，得到了大鲵胃蛋白酶的活性中心的结构信息。

（二）金属硫蛋白

李令媛等利用镉诱导大鲵肝脏和肠进行金属硫蛋白（metallothionein，MT）的合成，并对诱导合成的大鲵肝脏和肠金属硫蛋白进行了分离纯化，分别得到两个MT亚型，采用凝胶层析测定其自然相对分子质量为12000，半胱氨酸含量为21%~24%，主要含有Cd与Zn，Cd与Zn的比例为3∶1，Cd诱导大鲵MT各亚型均在250nm附近有吸收，大鲵肝MT产率为628μg/g（鲜重），大鲵肠MT产率为185μg/g（鲜重）[86]。

成芳选用新鲜大鲵肝脏为原料，提取了大鲵MT，MT粗酶液SDS-PAGE结果表明，相对分子质量约为10000[87]。将大鲵MT经过Sephadex G-50凝胶层析进行纯化，将纯化后的大鲵MT进行紫外光谱分析，结果如图1-5所示。由图1-5可以看出MT在280nm处没有蛋白吸收峰，这表明大鲵MT不含有芳香族氨基酸残基[87]。

四、大鲵皮中的化学成分

（一）胶原蛋白及胶原蛋白肽

李华在4℃时利用胃蛋白酶酶解工艺提取了养殖大鲵皮中的胶原蛋白，发现大鲵皮羟脯氨酸含量为22.3mg/g，提取率为26.7%（湿重），在230nm附近有强紫外吸收，

SDS-PAGE分析表明，所提取的大鲵皮胶原蛋白具有 α_1 和 α_2 链[88]。李莉等利用响应面法优化了酶法提取大鲵皮胶原蛋白的工艺，结果表明影响大鲵皮中胶原蛋白提取率的因素大小依次为料液比、酶解时间、加酶量，在实际提取过程中采用加酶量16.5%（质量分数）、液料比15mL/g、酶解29h，大鲵皮胶原蛋白提取率达到66.99%[89]。

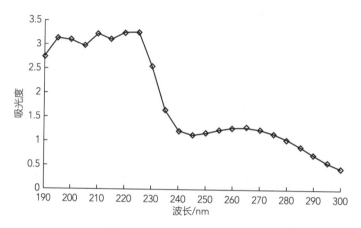

图1-5   大鲵MT紫外吸收光谱[87]

李林格和曲敏研究了大鲵胶原蛋白及大鲵胶原蛋白肽的结构[90]。将大鲵皮去除脂肪，加入50g/L NaCl水溶液浸泡24h，除去非胶原蛋白成分，加入0.5mol/L乙酸溶液（料液比1：20）以及加入胃蛋白酶达终浓度为5g/L，4℃溶胀12h。溶胀后的大鲵皮，组织捣碎，得到大鲵皮匀浆。匀浆液4℃磁力搅拌提取36h，经过滤，离心，获得的上清液为大鲵皮酸溶性胶原蛋白粗溶液，上清液中加入NaCl，至NaCl最终溶液浓度为0.9mol/L，过夜，离心收集沉淀。沉淀溶于0.5mol/L乙酸溶液，先用 Na_2HPO_4 透析液透析2d，再用蒸馏水透析2d，冻干得大鲵皮酸溶性胶原蛋白[90]。

将大鲵皮胶原蛋白经木瓜蛋白酶酶解，获得大鲵胶原蛋白肽。将获得的大鲵胶原蛋白及大鲵胶原蛋白肽进行SDS-PAGE检测，结果见图1-6。如图1-6所示，所提取的大鲵皮胶原蛋白具有 α_1、α_2 和 β 组分，属于典型的 I 型胶原蛋白。大鲵胶原蛋白相对分子质量大于100000，大鲵胶原蛋白肽相对分子质量低于55000[90]。

通过紫外光谱研究发现，大鲵皮胶原蛋白和胶原蛋白肽均在234nm处出现特征吸收峰（图1-7），这表明大鲵皮胶原蛋白和胶原蛋白肽具有近紫外肽键C═O中的电子 $n \to \pi^*$ 跃迁。提取的大鲵皮胶原蛋白和胶原蛋白肽具有相似的紫外吸收光谱，说明木瓜蛋白酶酶解大鲵皮胶原蛋白时没有破坏其中具有紫外吸收特征的结构，即大鲵皮胶原蛋白肽仍然符合胶原蛋白的紫外吸收基本特征[90]。

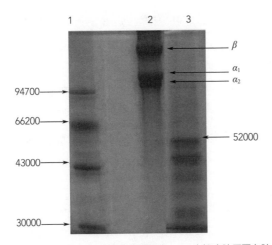

1—标准蛋白质；2—大鲵皮胶原蛋白；3—大鲵皮胶原蛋白肽。

图1-6 大鲵皮胶原蛋白及大鲵皮胶原蛋白肽SDS-PAGE（10%）电泳图[90]

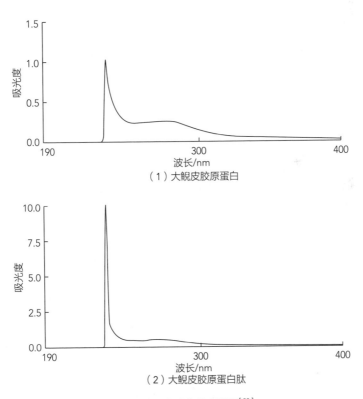

（1）大鲵皮胶原蛋白

（2）大鲵皮胶原蛋白肽

图1-7 大鲵皮胶原蛋白和胶原蛋白肽紫外光谱图[90]

　　大鲵皮胶原蛋白及胶原蛋白肽红外光谱如图1-8所示。大鲵皮胶原蛋白［图1-8（1）］和大鲵皮胶原蛋白肽［图1-8（2）］分别在3320.81cm^{-1}和3292.61cm^{-1}处具有吸收峰，表明分子中N—H参与氢键缔合；在3081.73cm^{-1}和3080.55cm^{-1}处是酰胺B带C—N伸缩振动产生的吸收峰；在2929.34cm^{-1}和2961.86cm^{-1}处吸收峰由于酰胺B存在CH$_2$；在1653.26cm^{-1}和1655.44cm^{-1}处出现三股螺旋内部形成氢键的C═O振动产生的吸收峰；在1540.66cm^{-1}和1548.25cm^{-1}处具有吸收峰，是由于酰胺Ⅱ带存在的N—H弯曲振动产生的吸收，与胶原蛋白酰胺Ⅱ在1500~1600cm^{-1}有C—N伸缩振动以及N—H弯曲振动产生的吸收峰，本质为α-螺旋、β-折叠和无规则卷曲叠加形成吸收带，同时精氨酸（Arg）、天冬氨酸（Asp）、谷氨酸（Glu）和酪氨酸（Tyr）侧链在此区域也有吸收，在1451.56cm^{-1}和1451.63cm^{-1}处由于存在CH$_2$弯曲产生吸收；在1238.29cm^{-1}和1245.60cm^{-1}处吸收是由于甘氨酸及羟脯氨酸（Hyp）形成特有的Gly-Pro-Hyp氨基酸序列出现的红外特征光谱；在1079.28cm^{-1}和1083.15cm^{-1}处吸收峰是由于C—O，C—N—C振动产生的[90]。

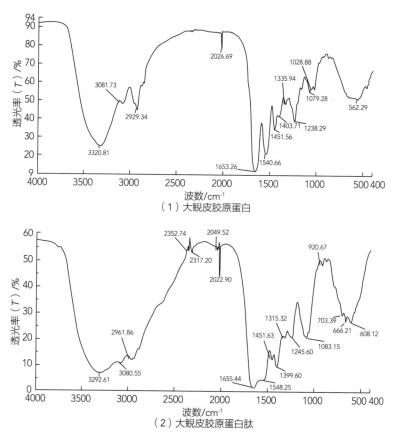

图1-8　大鲵皮大鲵皮胶原蛋白和胶原蛋白肽红外光谱图[90]

提取的大鲵皮胶原蛋白和大鲵皮胶原蛋白肽均具有三股螺旋结构，胃蛋白酶及木瓜蛋白酶酶解没有破坏胶原蛋白中具有的三股螺旋结构，但胶原蛋白肽的相对分子质量明显变小，说明酶解过程是横向水解大鲵皮胶原蛋白。大鲵皮胶原蛋白肽是具有三股螺旋结构的小分子胶原蛋白分子。这对其具有更好的溶解性及生物活性具有重要作用[90]。

Chen等利用酸提取方法和胃蛋白酶提取方法分别提取出了两种胶原蛋白，这两种胶原蛋白都属于Ⅰ型胶原蛋白，含有2个 α 和1个 β 肽链以及高含量的亚氨基酸，利用胃蛋白酶提取出方法获得的胶原蛋白具有较好的乳胶性质[91]。

明胶是通过胶原蛋白热变性、部分水解获得的水溶性高分子蛋白质。金文刚等通过对大鲵皮经酸碱预处理后，利用超声波从大鲵皮中获得了大鲵明胶，大鲵明胶中含有甘氨酸、脯氨酸、谷氨酸和丙氨酸含量相对较高，占氨基酸总含量的50%（质量分数），在234nm处有最大紫外吸收，黏度为3.3mPa·s，凝冻强度Bloom值为216g[92]。明胶在改善食品结构、提高食品的保水性和稳定性方面有着广泛的用途[92]。

（二）皮肤色素

动物黑色素是酚类或吲哚类物质通过氧化聚合形成的高分子生物色素，其与蛋白质紧密结合，通常不溶于水、酸和有机溶剂，可溶于氢氧化钠等碱性溶液[93]。杨慧等采用酶法和碱溶酸沉法提取了大鲵皮肤黑色素，优化了黑色素的提取工艺，经过超高效液相色谱-串联质谱（UPLC-MS/MS）分析，大鲵皮肤黑色素紫外最大吸收214nm，由真黑色素和脱黑色素组成[94]。真黑色素是由5,6-二羟基吲哚-2-羧酸（DHICA）黑色素和5,6-二羟基吲哚（DHI）黑色素聚合而成，脱黑色素是由2-S-半胱氨酸和5-S-半胱氨酸聚合脱羧而成的苯丙噻嗪衍生物[94]。真黑色素和脱黑色素被氧化降解分别可以产生化合物5-[羧（羟）基]-4（羧羰基）-1H-吡咯-2-羧酸和6-（2-氨基-2-羧乙基）-2-羧基-4-羟基苯并噻唑（BTCA）[95]。大鲵皮肤黑色素降解可以产生这两种化合物。大鲵皮肤黑色素具有清除羟基自由基和超氧阴离子自由基的作用，因此大鲵皮黑色素是大鲵食品中的一种活性成分[94]。

大鲵皮肤黑色素对不同波长的紫外线均有吸收作用，其光稳定性和热稳定性较好，其稳定性受铁离子影响较大，抑菌实验结果表明，大鲵皮黑色素对大肠杆菌有明显的抑制作用[96]。

五、大鲵体表黏液的化学组成

（一）氨基酸与蛋白质

Lan等研究了大鲵皮肤腺以及刺激皮肤分泌腺产生黏液的过程，发现大鲵在受到电刺激时体表分泌具有胡椒味的白色黏液，产生黏液的皮肤腺体遍布全体，在背部的腺体较大，皮肤腺体一般在危险状态或者大鲵激动状态分泌[33]。大鲵黏液由大鲵皮肤黏液细胞产生，主要成分是黏蛋白，与水结合后形成黏液。每过10~30d，黏液会从皮肤表面脱落。大鲵黏液一年四季都脱落，夏季脱落后，大鲵自己吞食，其他季节是收集脱落大鲵黏液的时机。陈德经研究了大鲵黏液的氨基酸组成，发现黏液中谷氨酸、脯氨酸、甘氨酸含量最高[97]。金桥等整理了大鲵黏液氨基酸组成的摩尔比，发现摩尔分数最高的氨基酸是苏氨酸、天冬氨酸/天冬酰胺（Asn）、谷氨酸/谷氨酰胺（Gln）（表1-5）[77]。

表1-5 大鲵体表黏液氨基酸组成[77]

氨基酸	摩尔分数/%	氨基酸	摩尔分数/%
苏氨酸	13.1	苯丙氨酸	4.7
丝氨酸	0.2	组氨酸	2.6
脯氨酸	8.9	赖氨酸	5.3
甘氨酸	2.4	精氨酸	6.5
丙氨酸	8.5	甲硫氨酸	2.1
缬氨酸	5.7	半胱氨酸	1.2
异亮氨酸	3.6	天冬氨酸/天冬酰胺	11.2
亮氨酸	5.3	谷氨酸/谷氨酰胺	12.5
酪氨酸	3.1	色氨酸	—

糖蛋白（glycoprotein）是由一个或多个寡糖与蛋白质通过共价键相连接的结合蛋白。糖蛋白分子中，以蛋白质为主，糖链为辅基，糖的含量为1%~60%（质量分数）[98]。糖蛋白在动物体内是血浆、细胞膜、细胞间质、黏膜、激素等重要组成成分[99]。董渭雪等报道了从大鲵黏液干粉中提取的糖蛋白，但是关注的重点放在糖蛋白的抗氧化及抗紫外线作用[72]。徐伟良等利用碱提取、纤维素DE-52离子交换层析及Sephadex G-100凝胶层析等方法从大鲵黏液中纯化了一种糖蛋白，相对分子质量为30000[70]。张金豫等利用水提醇沉、纤维素DE-52离子交换层析及Sephadex G-100凝胶层析等方法从大鲵黏液中获得了一种大鲵黏液糖蛋白MGP-Ⅲ，其相对分子质量为58000，总糖含量为61.83%（质量分数）[71]。

凝集素是除了免疫球蛋白、酶以外的，具有多价糖结合特性的蛋白质或者糖蛋白。只含有蛋白质的凝集素，仅见于蓖麻凝集素。凝集素是非特异性免疫分子之一，广泛存在于生物体内。Qu等利用黏蛋白 [porcine stomach mucin（type Ⅲ），PSM] 偶联血清蛋白亲和层析、Sephadex G-100以及HPLC等分离方法，从大鲵黏液中发现了一种PSM特异性大鲵凝集素（ADL）（图1-9）[100]。

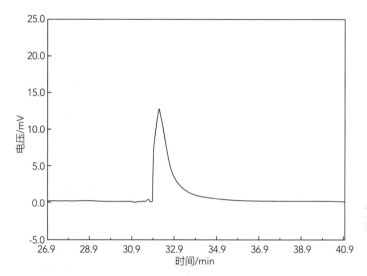

图1-9 大鲵黏液凝集素高效液相色谱（HPLC）[100]

经SDS-PAGE测试表明，ADL相对分子质量为17000，含有2个相对分子质量为9000的亚基（图1-10）。通过基质辅助激光解析电离飞行时间质谱（Matrix assisted laser desorption ionization time of flight mass spectrometry，MALDI-TOF-MS）进一步对ADL进行相对分子质量测定（图1-11），在m/z为8530.4160出现亚基单电荷（M+H）$^+$分子离子[100]。

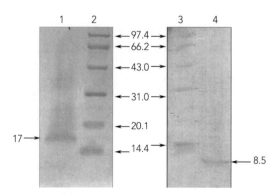

1—非还原状态下的ADL；2、3—标准蛋白质样品；4—还原状态下的ADL。

图1-10 ADL的SDS-PAGE[100]

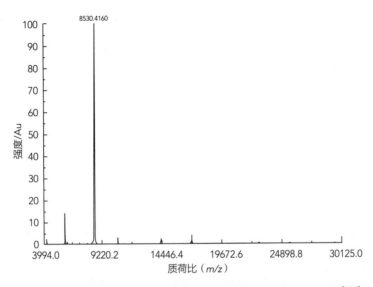

图1-11　ADL的基质辅助激光解析电离飞行时间质谱（MALDI-TOF-MS）[100]

　　ADL能够凝集人B型血细胞，是通过凝集素分子与人B型血细胞表面的糖链相连接。多价的凝集素分子与人B型血细胞相结合，形成人B型血细胞的聚集状态，这种凝集过程可以被特性糖分子所干扰（图1-12）。研究表明，ADL的人B型血细胞的聚集状态不被任何单糖抑制，但可以被黏蛋白所抑制，其中去唾液酸的黏蛋白血凝抑制活性更强，这是由于唾液酸带有负电荷，干扰黏蛋白与凝集素的结合（表1-6）。

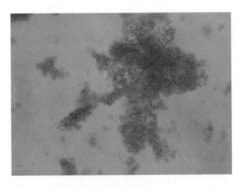

图1-12　人B型红细胞凝集状态

表1-6　ADL血凝活性抑制测试[100]

糖和糖肽	最小抑制浓度
D-葡萄糖（D-glucose）	—

续表

糖和糖肽	最小抑制浓度
D-半乳糖（D-galactose）	—
D-甘露糖（D-mannose）	—
N-乙酰D-葡萄糖胺（N-acetyl-D-glucosamine）	—
N-乙酰D-半乳糖胺（N-acetyl-D-galactosamine）	—
果糖（fructose）	—
山梨糖（sorbose）	—
木糖（xylose）	—
纤维二糖（cellobiose）	—
黏蛋白（PSM）	0.078μg/mL
去唾液酸黏蛋白（asialo-PSM）	0.008μg/mL
甲状腺球蛋白（thyroglobulin）	—

注：一表示100mmol/L单糖时无抑制活性。

（二）酶类

Guo等从大鲵皮肤黏液中分离出了磷酸酯酶A_2和蛋白水解酶[101]。磷酸酯酶A_2以卵磷脂、磷脂酰丝氨酸等为底物，催化甘油磷脂sn-2位的酯键水解，产生溶血卵磷脂和游离脂肪酸[102]。磷酸酯酶A_2、金属蛋白酶是蛇毒中含有的主要酶类[103]。《本草纲目》记载大鲵有小毒，深入对大鲵黏液中的酶类进行研究，可以揭开大鲵有小毒的原因。

（三）多糖

大鲵黏液中富含多糖类物质。陈德经等利用水提、碱提取、酸提取及酶解法从大鲵皮肤黏液中分离出了粗多糖，对其单糖组成分析表明，水提取多糖的单糖组分为甘露糖（Man）、葡萄糖醛酸（GlcUA）、半乳糖（Gal）组成，碱提取多糖的单糖组分为Man、GlcUA、半乳糖醛酸（GalUA）、氨基葡萄糖（GlcN）、葡萄糖（Glc）、Gal，酸提取多糖的单糖组分为Man、GlcUA，碱性蛋白酶提取的多糖的单糖组分为Man、GlcUA、GlcN，碱性蛋白酶提取的多糖的单糖组分为Man、GlcUA、Glc，不同的提取工艺获得的黏液多糖的单糖组成不同[104]。杨凤玲博士对大鲵黏液多糖的单糖组分进行了测定，结果发现黏液多糖由47.2%的Gal与52.8%的Glc组成（图1-13）。

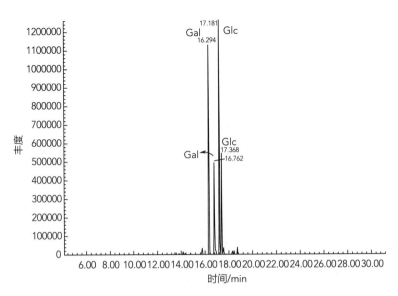

图1-13　大鲵黏液多糖的单糖组成

于海慧等进行了利用酶解方法从大鲵体表黏液中提取透明质酸（HA）的研究[105]。不同种类的酶对大鲵体表黏液中透明质酸的提取率有不同的影响，提取率最高的是胰蛋白酶，其次是木瓜蛋白酶，胃蛋白酶和碱性蛋白酶提取率较低。对加酶量、pH、温度、提取时间等因素进行研究的结果表明，当胰蛋白酶用量为2%（质量分数）、pH为8.0、温度37℃以及酶解时间3h的条件下，从大鲵体表黏液中提取的透明质酸的量最多[105]。根据单因素实验的结果，可以确定酶种类为胰蛋白酶，pH为8.0，考察酶解时间和酶解温度及酶用量三因素对HA提取量的影响（表1-7），并在单因素实验的基础上设计L_9（3^4）正交实验，实验结果如表1-8所示，显著性检验见表1-9所示。极差分析结果表明，正交实验中最佳因素组合为$A_3B_2C_1$，得出的透明质酸的提取量为1.7041mg/g。所以最佳的工艺条件为酶解时间4h，酶解温度37℃，酶用量1.5%（质量分数）[105]。显著性检验结果表明，酶用量对于大鲵黏液透明质酸的提取影响极低，作为误差项，而酶解温度和酶解时间影响较大，但不显著。

表1-7　正交实验设计

水平	因素		
	A	B	C
	酶解时间/h	酶解温度/℃	酶用量/%
1	2	32	1.5

续表

水平	因素		
	A	B	C
	酶解时间/h	酶解温度/℃	酶用量/%
2	3	37	2.0
3	4	42	2.5

表1-8　正交实验结果

实验号	因素				HA提取量/（mg/g）
	A	B	C	D	
1	1	1	1	1	0.8798
2	1	2	2	2	1.3122
3	1	3	3	3	0.8937
4	2	1	2	3	0.9442
5	2	2	3	1	1.3529
6	2	3	1	2	1.4943
7	3	1	3	2	1.3776
8	3	2	1	3	1.7041
9	3	3	2	1	1.4827
K_1	3.0857	3.2016	4.0782	3.7154	
K_2	3.7914	4.3692	3.7391	4.1841	
K_3	4.5644	3.8707	3.6242	3.5420	
k_1	1.0286	1.0672	1.3594	1.2385	
k_2	1.2638	1.4564	1.2464	1.3947	
k_3	1.5215	1.2902	1.2081	1.1807	
R	0.4929	0.3892	0.1513	0.2140	

表1-9　显著性检验

方差来源	偏差平方和	自由度	方差	F值	临界值F_α	显著性
酶解时间（A）/h	0.36	2	0.18	6.59	$F_{0.05}(2, 4)=6.94$	
酶解温度（B）/℃	0.23	2	0.11	4.13	$F_{0.01}(2, 4)=18.0$	

续表

方差来源	偏差平方和	自由度	方差	F值	临界值F_α	显著性
酶用量（C^Δ）/%	0.04	2	0.02			
误差e	0.07	2	0.04			
误差e^Δ	0.11	4	0.03			
总和	0.70	8				

大鲵透明质酸傅里叶变换红外光谱（FT-IR）见图1-14。从图中大鲵黏液透明质酸曲线可以看出，在3400~3230cm^{-1}有较强的吸收峰，峰值处于3319cm^{-1}，为醇羟基的O—H伸缩振动特征峰，在1171cm^{-1}处的吸收峰为醇羟基的C—OH伸缩振动特征峰，在3570~3050cm^{-1}出现了宽的吸收带，表明存在多个O—H伸缩振动吸收峰的叠加，表明存在多个醇羟基；在1420~1390cm^{-1}的吸收峰峰值处于1396cm^{-1}，为羧基的对称伸缩峰；在1560~1530cm^{-1}处有强吸收峰，主要为仲酰胺R$_1$—NH—CO—R$_2$中NH面内变角振动，在1239cm^{-1}的吸收峰为仲酰胺R$_1$—NH—CO—R$_2$的特征吸收峰，即酰胺 Ⅲ 吸收带，为C—N伸缩振动特征峰，表明存在仲酰胺基团。与标准物质透明质酸钠相比，大鲵黏液透明质酸各基团出峰位置基本一致。

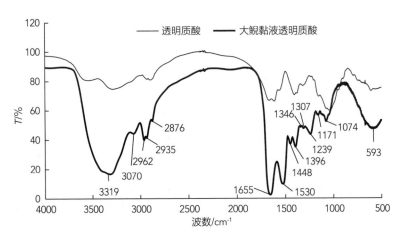

图1-14　大鲵黏液透明质酸FT-IR

图1-15、图1-16所示分别为大鲵黏液透明质酸经纤维素DE-52分离后F2的核磁共振氢谱（^{1}H-NMR）谱图和核磁共振碳谱（^{13}C-NMR）谱图。在^{13}C-NMR谱图中，$\delta\,100.2\times10^{-6}$为异头碳信号，$\delta\,55.34\times10^{-6}$为C$_2$信号，$\delta\,84.75\times10^{-6}$为C$_3$信号，$\delta\,70.29\times10^{-6}$为C$_4$信号，$\delta\,76.41\times10^{-6}$为C$_5$信号，$\delta\,61.34\times10^{-6}$为C$_6$信号，$\delta\,174.83\times10^{-6}$

反应C═O信号，δ 24.99 × 10^{-6}为CH$_3$信号[106]。

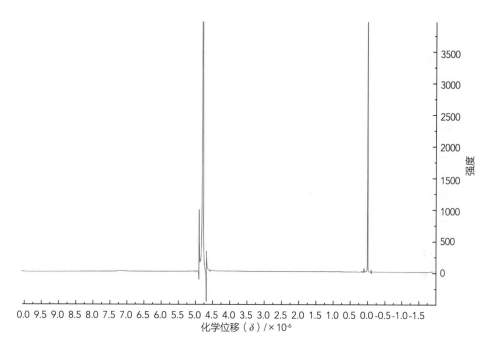

图1-15　大鲵黏液透明质酸^{1}H-NMR谱图

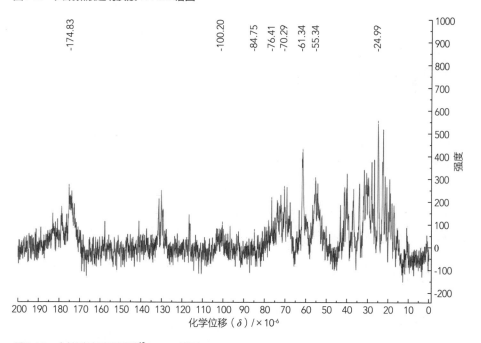

图1-16　大鲵黏液透明质酸^{13}C-NMR谱图

通过P230型高效液相色谱仪，使用TSK-gel G4000 PW$_{XL}$色谱柱（日本Tosoh公司），以双蒸水洗脱相对分子质量分别为10000、70000、500000、2000000的标准葡聚糖，以保留时间为横坐标，以相对分子质量的对数为纵坐标，得标准曲线方程为$y=-0.2441x+8.7009$（$R^2=0.997$）。根据标准曲线计算，大鲵黏液透明质酸相对分子质量为4850000[105]。

六、挥发性成分

挥发性成分种类繁多，包括酸类、醇类、醛类、酯类、酮类、脂肪烃、烯烃、芳香烃、酚类物质等，其中的酸类、醇类、醛类、酯类、酮类具有较低的阈值，在风味的形成中起着重要的作用。辛茜等利用顶空固相微萃取-气相色谱-质谱联用分析了大鲵肉、爪、皮中的挥发性成分，从大鲵肉、爪、皮中分别鉴定出57、69、49种挥发性成分，3个部位共有的挥发性成分有15种，其中壬醛、庚醛呈大鲵的鱼腥味，1-辛烯-3-醇、1-辛醇呈大鲵的土腥味[107]。金文刚等利用气相-离子迁移色谱分析了大鲵头、背、腹、尾、爪和肝的挥发性成分，共鉴定出酯类9种、酮类9种、醛类6种、酯类7种、酸类2种、吡嗪类1种，共34种化合物[108]。采用不同的研究方法，鉴定出大鲵的挥发性成分种类和数量不同。对于大鲵挥发性成分的认识，有助于提升对大鲵产品品质的控制，减少其腥味。

第六节　大鲵的应用和展望

大鲵是国家二级保护动物。野生大鲵是要重点加强保护的对象，大鲵的应用开发都是针对养殖大鲵而言。近年来，随着大鲵养殖业快速发展，大鲵养殖量急剧增加，大鲵的应用开发成为一个紧迫的问题。现代研究证实大鲵具有的多种生物学功能，并从大鲵中成功地分离出大鲵氨基酸、肽、糖肽、胶原蛋白肽、金属硫蛋白、酶、透明质酸和脂肪酸等多种有效成分。伴随着对大鲵研究的不断深入，大鲵的应用领域也在不断地深化和扩大。

一、大鲵的应用

（一）食品营养领域

大鲵作为一种名贵的两栖动物，含有丰富的蛋白质、脂肪、矿物质等成分，其中蛋白质中必需氨基酸组成种类齐全，皮肤中含有胶原蛋白、明胶以及透明质酸，脂肪中含有丰富的多不饱和脂肪酸，因此被誉为"水中人参"[3, 75]。张红星等通过对大鲵营养成分进行生化分析，并与市场常见优质水产品，如鱼类、贝类、虾类、龟、蛙及蛇类的营养成分比较后发现，大鲵的营养价值明显高于上述几种水产品[109]。

随着人们生活水平的提高，人们的健康意识越来越强。自古以来，我国湖南省张家界市就流传着大鲵是"送生救生"的"神鲵"。张家界土家族、白族中有一个沿袭数百年的习俗，就是四种人可以食用大鲵，分别是孕妇、不孕不育的夫妇、垂危病人以及耄耋老人。由此可见大鲵对人们的保健价值。现代营养保健理念认为大鲵肌肉、皮肤及黏液中所含有的多种活性物质对调节免疫、降低血压血脂、缓解疲劳等具有一定作用。

目前人们对大鲵的应用形式主要可以分三类：一是直接食用，如娃娃鱼汤、娃娃鱼羹等烹饪食品；二是以大鲵活性物质制备的保健食品，如大鲵肽粉；三是以大鲵提取物作为添加剂生产的食品，如大鲵肽葡萄酒、大鲵果冻等加工食品。

（二）临床营养领域

临床营养学是为了预防机体能量与营养素缺乏或者过量而造成的急性、慢性疾病和状态相关的营养与代谢改变的科学[110]。随着医学研究的不断深入，人们发现很多疾病的发生、发展与机体的营养状况密切相关。循证医学研究证实，有效的营养干预可以改善患者的预后。因此，临床营养的治疗和支持对于患者恢复健康起着至关重要的作用。《健康中国2030规划纲要》明确提出了制定实施国民营养计划，要实施临床营养干预。2017年国务院发布的《国民营养计划（2017—2030年）》（国办发〔2017〕60号）中明确提出《研究制定临床营养管理规章制度》[111]。可见，临床营养成为人们越来越重视的领域。

肽是临床营养领域广泛应用的物质之一，也是保证机体正常运转的不可缺少的物质。已经有很多肽类活性物质在临床营养中的应用研究。如廉博等研究了复合活性肽复配蛋白对口腔颌面部肿瘤患者术后营养状况及创面愈合的影响，补充复合活性肽复配蛋白粉20g/d组伤口红肿、伤口有少量渗出液发生率显著降低，补充复合活性肽复配蛋白粉有效地改善了颌面部肿瘤患者术后营养状况，促进了创面愈合[112]。刘刚与沈旸研究了低聚肽强化麦芽糊精果糖液对胃癌患者临床患者的影响，结果表明，低聚肽强化干预能增加行胃癌根治术患者空腹状态下的能量及氮储备，改善其围术期主观感受和短期营养状况，有利于患者术后的快速康复[113]。黄婷婷等研究了小分子肽口服营养剂在改善新型冠状病毒肺炎（COVID-19）重型患者临床状况中的应用，小分子肽口服营养剂由大豆肽粉、浓缩乳清蛋白粉以及维生素等成分组成，研究结果表明，小分子肽型产品能更为快速地改善新型冠状病毒肺炎重型患者的营养状态，更显著下降炎症水平，改善血气指标[114]。由此可见，小分子肽在临床营养和营养支持方面具有广阔的应用空间。

大量研究表明，从大鲵肉、皮、血及黏液等部位通过酶解的方法，可以制备出具有抗氧化、降血糖、调节血压、增强免疫力等作用的大鲵活性肽。目前研究认为，小分子肽可以被机体完整吸收，而且小分子肽具有低抗原性或者无抗原性。因此，具有多种多样生物活性的大鲵肽，在临床营养领域有着广泛的用途。

（三）医药领域

大鲵自古以来就是传统的药用动物。因此，大鲵是具有重要保健价值的食材。中医认为大鲵性甘平，有补气、养血、益智、滋补、强壮等功效[7]。如前文所述，《全国中草药汇编》将大鲵列为药品，且在中药学中具有重要地位[6-7]。在传统医学中，大鲵一般去除内脏后全体入药。每次用量为15~30g[6]。民间有以大鲵皮肤粉拌桐油治疗烫伤、以其胆汁用以解热明目、以胃治疗小孩消化不良、以皮肤黏液预防麻风病的方法，疗效明确[54]。

陈曦等对大鲵在烫伤、抗菌等方面开展了相关的药理实验，将大鲵皮粉、大鲵黏液配成大鲵皮肤药膏、大鲵黏液药膏进行烫伤药理实验，发现这两种药膏明显缩短大鼠烫伤后创面的愈合时间，这两种药膏使创面愈合速度比对照的药膏快，同时真皮附件结构完整。大鲵皮肤药膏、大鲵黏液药膏还含有桐油、野生茶子油、香油、冰片、凡士林及蜂蜜等[62]。在另外的一项研究中，陈曦等认为大鲵皮、大鲵黏液具有收敛生津，抗菌消炎的功效，并在实验中发现大鲵皮对绿脓杆菌、金黄色葡萄球菌、沙门菌有明显抑制作用[63]。在其他方面，郭洁和华栋观察了大鲵皮对小鼠烫伤的治疗和镇痛作用，发现桐油拌大鲵皮粉具有较好的镇痛作用[64]。王利锋等发现大鲵皮肤分泌液存在有抗菌肽，对铜绿假单胞菌具有抑制作用，该抑菌肽经Sephadex G-50、Sephadex G-25分离，经Tricine-SDS-PAGE电泳检测发现该抑菌肽相对分子质量为4300，等电聚焦电泳结果表明该抗菌肽存在于pH梯度（pH 3~10）电泳中的偏碱性区域，表现出较强的阳离子特征[65]。

曹洁等研究了纯大鲵粉对小鼠抗疲劳作用及免疫功能的影响，发现以纯大鲵粉对小鼠进行灌胃，能增加小鼠免疫功能，延长小鼠游泳时间，降低小鼠血乳酸含量、提高肝糖原储备、降低尿素氮含量的作用[58]。杨志伟等用大鲵肉浆培养果蝇，发现大鲵肉能显著提高果蝇寿命、生殖能力、飞翔能力、耐寒能力以及体内SOD活性，其脂褐素（LF）水平显著下降，大鲵肉能够延缓果蝇的衰老[59]。黄正杰等进行了大鲵肉的乙醇浸提物延缓秀丽线虫衰老作用研究，通过测定秀丽线虫寿命、后代数、虫体大小及线虫的急性热应激和急性氧应激能力，发现大鲵乙醇浸提物具有显著延长线虫衰老过程、不影响线虫生殖能力以及提高线虫的急性热应激和急性氧应激能力的作用，因此大鲵乙醇浸提物具有提高线虫寿命的作用[60]。

（四）其他领域

如今，大鲵的应用已经渗透到人们生活的各个方面。如在美容行业中，大鲵活性物质可用于制作面膜、洗面奶、护肤霜等。在洗浴日化行业，用大鲵活性物质制作润肤液、香皂、精油、牙膏等。大鲵皮还可以加工成皮革，制作精美的皮革制品。

二、大鲵相关研究的展望

截至目前，中国学者对大鲵进行了大量科学研究，也不断开展了很多相应的国际合作，并已取得了许多良好的进展。未来有关大鲵的研究还需要关注以下热点，以期获得更多的研究成果，为人类健康做出贡献。

首先，在大鲵养殖技术日臻完善的时期，关注大鲵病害防治领域的基础研究。随着养殖规模的不断扩大，大鲵病害问题显现出来。因此，病害防治的基础研究急需加强。大鲵病害分为病毒性疾病、细菌性疾病、寄生虫性疾病等。这些疾病严重时可以引起大鲵死亡。因此，需要加强病理学、分子生物学等手段进行诊断和治疗。

其次，大鲵产品的生产设备、生产工艺需要改进改良，推动大鲵加工业优化和升级。目前，大鲵加工业整体上处于加工工艺落后、加工水平低、规模小、综合利用差的状态，这主要是由于大鲵科研成果转化率低造成的。目前市场上的大鲵深加工率低，仍以原料品及二次加工品为主，导致大鲵资源优势难以转化成大鲵产业优势。

最后，大鲵有效成分的结构与功能之间的关系、剂型改进等研究有待深入，应该尽可能阐明大鲵活性成分作用的分子机制，使大鲵研究成果为人类健康做出创造性的贡献。

整合多方面的资源，形成一个可持续发展的大鲵产业生态链，对于保护和利用大鲵有着至关重要的意义。2019年末，突如其来的新型冠状病毒肺炎疫情，引起了人们对新型冠状病毒起源的关注。从目前的研究来看，蝙蝠和啮齿类动物（鼠等）是冠状病毒的自然宿主[115]。受新型冠状病毒肺炎疫情的影响，有的地方对于大鲵养殖和利用产生了误解，提出了一些不符合地方实际的政策。

三、大鲵产业面临的机遇与挑战

大鲵，因其具有良好而广泛的药理作用，自古以来就被誉为"水中人参"。随着生物技术的发展，关于大鲵活性物质的研究取得了突飞猛进的发展，其药用价值和保健价值被越来越多的人所认识。大量的营养学和药理学实验也证实了大鲵的多种生物学作用。同时，从大鲵中相继分离出蛋白质、肽、氨基酸、多糖、脂肪酸、色素及微量元素等诸多有效成分。

越来越多的临床营养学研究结果表明，肽类活性物质与临床常见疾病具有密切关系。肽类物质已经成为临床营养学关注的热点之一。生物体对肽类物质具有独特的吸收过程，肽类物质可以在生物体内发挥许多重要的生理功能，这是氨基酸、蛋白质所不能比拟的，因此肽类物质具有比氨基酸、蛋白质更高的营养价值。

由此，以大连海洋大学李伟教授课题组为代表的研究机构对大鲵养殖、加工进行了一系列的研究。通过十余年的研究与探索，先后完成了"大鲵低聚活性糖肽制备关键技术"科技成果鉴定［完成单位：张家界（中国）金驰大鲵生物科技有限公司、大连海洋大学］、"大连市普兰店大鲵（子二代）养殖及加工关键技术研究与示范"科技成果评价（完成单位：大连海洋大学、大连裕康生物科技股份有限公司）以及"大鲵活性肽产业化制备及其产品研发"科技成果评价［完成单位：张家界（中国）金驰大鲵生物科技有限公司、大连海洋大学、大连医科大学附属第二医院］。这三个科技成果分别在高纬度大鲵养殖技术、大鲵低聚糖肽制备、大鲵活性肽制备及产业化等方面获得了突破，肯定了大鲵活性肽、大鲵低聚糖肽是大鲵发挥其生物活性的主要成分之一，并开发了一系列相关大鲵活性肽、大鲵低聚糖肽相关产品，取得了较好的经济效益和社会效益。

近年来，大鲵产业又遇到了前所未有的挑战。一方面，养殖大鲵的价格继续下滑，大鲵养殖效益不断下降，严重影响了大鲵养殖业的发展。这也说明了开展养殖大鲵深加工的迫切性和必要性。另一方面，新冠疫情对大鲵养殖业有一定影响。

尽管近年来对大鲵活性肽、大鲵低聚糖肽做了大量的基础研究工作，取得了许多有意义的进展。但对于大鲵活性肽、大鲵低聚糖肽的理论研究，还需要深入细致地进行。未来有关大鲵活性肽、大鲵低聚糖肽的研究，还应该关注以下几个方面：

（1）大鲵活性肽、大鲵低聚糖肽在疾病预防和治疗中的作用机制的阐明。大鲵活性肽具有抗氧化、抗衰老、调节血糖、肝保护、降尿酸的作用，大鲵低聚糖肽具有的免疫活性、抗氧化活性、抑制血管紧张素转换酶活性、抗疲劳作用、肝保护作用，这些作用机制需要利用分子生物学、营养基因组学以及多组学等研究手段，进行深入阐明。

（2）大鲵活性肽、大鲵低聚糖肽的鉴定和构效关系的阐明。目前，大鲵活性肽、大鲵低聚糖肽的构效关系尚未彻底阐明，直接影响了大鲵活性肽、大鲵低聚糖肽的制备过程。

（3）大鲵活性肽、大鲵低聚糖肽的定向酶解技术的应用及产业化。利用定向酶解方法与技术制备大鲵活性肽、大鲵低聚糖肽，可以获得高效价的产物。

（4）利用生物技术手段，利用生物反应器制备大鲵活性肽、大鲵低聚糖肽。这是未来发展的主要方向。在明确大鲵活性肽、大鲵低聚糖肽的构效关系的前提下，可以利用分子生物学方法、生物反应器大规模制备相关的生物活性物质。完全不依赖大鲵的养殖规模而获得大鲵活性肽、大鲵低聚糖肽。

大鲵深加工是延长大鲵产业链、提高大鲵产品附加值的重要途径，也是稳定大鲵养殖业的重要手段。开发大鲵深加工产品，需要选准开发方向。相信在不久的将来，随着人们对大鲵的认识越来越深入，会有越来越多的大鲵深加工产品为人类健康服务。

参考文献

[1] 雒林通，万红玲，兰小平，等. 中国大鲵资源现状及保护遗传学研究进展［J］. 广东农业科学，2011，38（17）：100-103.

[2] 罗庆华，刘英，张立云. 张家界市大鲵资源保护·增殖现状与对策［J］. 安徽农业科学，2009，37（19）：9023-9025+9052.

[3] 李莉，顾赛麒，王锡昌，等. 人工养殖大鲵肌肉和鲵皮营养成分分析及评价［J］. 食品工业科技，2012，33（24）：385-388.

[4] 马东林，杨絮，郭全友，等. 大鲵营养组成、功能成分及加工利用研究进展［J］. 食品与发酵工业，2020，46（24）：242-248.

[5] 侯进慧，朱必才，童玉玮，等. 中国大鲵研究进展［J］. 四川动物，2004（3）：262-266+276.

[6] 谢宗万. 全国中草药汇编［M］. 北京：人民卫生出版社，1978.

[7] 张神虎. 大鲵的药用价值及人工养殖［J］. 特种经济动植物，2003（2）：16.

[8] 高士贤，戴定远，范勤德，等. 常见药用动物［M］. 上海：上海科学技术出版社，1984.

[9] 杨玉凤. 大鲵的药用价值及人工养殖［J］. 北京农业，2004（1）：28.

[10] 周莉，叶晓青. 两栖之王-中国大鲵［M］. 上海：上海科技教育出版社，2011.

[11] 张书环，梁志强，杜浩，等. 隐鳃鲵科的生物地理与种群遗传研究进展［J］. 海洋渔业，2019，41（5）：623-630.

[12] 叶昌媛，费梁，胡淑琴. 中国珍稀及经济两栖动物［M］. 成都：四川科学技术出版社，1993.

[13] 陶峰勇，王小明，郑合勋. 中国大鲵五地理种群cyt b基因全序列及其遗传关系分析［J］. 水生生物学报，2006（5）：625-628.

［14］杨丽萍，蒙子宁，刘晓春，等. 中国大鲵5个野生种群的aflp分析［J］. 中山大学学报（自然科学版），2011, 50（2）: 99-104.

［15］Liang ZQ, Chen WT, Wang DQ, et al. Phylogeographic patterns and conservation implications of the endangered Chinese giant salamander［J］. Ecology and Evolution, 2019, 9（7）: 3879-3890.

［16］梁志强，张书环，王崇瑞，等. 大鲵资源现状与保护建议［J］. 淡水渔业，2013, 43（S1）: 13-17.

［17］陈云祥. 大鲵高效养殖技术一本通（农村书屋系列）［M］. 北京: 化学工业出版社，2008.

［18］张育辉，李丕鹏，马天有. 中国大鲵脊髓的形态学研究［J］. 陕西师范大学学报（自然科学版），1990（2）: 63-66+83.

［19］张育辉，李丕鹏，马新明，等. 中国大鲵嗅器和味器的形态学研究［J］. 陕西师范大学学报（自然科学版），1991（3）: 45-48+55.

［20］肖汉兵，刘鉴毅，林锡芝，等. 大鲵消化系统的解剖学观察［J］. 动物学杂志，1995（6）: 33-36.

［21］宋鸣涛. 大鲵食性分析［J］. 动物学研究，1990（3）: 192.

［22］彭克美，陈喜斌，冯悦平. 中国大鲵的形态观察和内脏解剖学研究［J］. 湖北农业科学，1998（5）: 41-45.

［23］李宁，梁刚，刘婷婷. 中国大鲵胃肠道胚后发育的解剖学与组织学观察［J］. 动物学杂志，2011, 46（3）: 117-122.

［24］陈献雄. 中国大鲵（*Andrias davidianus*）排泄系统形态解剖及组织观察［J］. 深圳特区科技，1998（3）: 31-35.

［25］阳爱生，卞伟，刘运清. 大鲵性腺发育的组织学观察［J］. 动物学报，1981（3）: 240-247+303-305.

［26］刘鉴毅，肖汉兵，杨焱清，等. 大鲵成熟精、卵的形态学观察及受精卵孵化中的形态变化［J］. 淡水渔业，1999（3）: 6-9.

［27］姚一彬，周伟，肖调义，等. 中国大鲵胚胎发育形态特性比较研究［J］. 湖南文理学院学报（自然科学版），2013, 25（2）: 33-39+56.

［28］罗亚平，姜国诚，孙艳香，等. 中国大鲵雌性生殖系统的解剖学和组织学研究［J］. 广西师范大学学报（自然科学版），2002（2）: 85-90.

［29］罗亚平，姜国诚，孙艳香，等. 中国雄性大鲵生殖系统的解剖学和组织学研究［J］. 广西师范大学学报（自然科学版），2003（2）: 83-87.

［30］刘进辉，江辉，谭理琦，等. 大鲵精巢的解剖及组织形态结构研究［J］. 经济动物学报，2004（3）: 163-166.

［31］刘鉴毅，谭永安，刘明国，等. 野生中国大鲵与人工繁殖子一代雄性形态及精液特性的比较［J］. 上海水产大学学报，2005（1）: 19-23.

［32］郭文韬. 大鲵遗传多样性及皮肤附属物特性研究［D］. 武汉: 华中科技大学，2013.

［33］Lan SC, Li DF, Jiang JC. Call and skin glands secretion induced by stimulation of midbrain in urodele（*Andrias davidianus*）［J］. Brain Research, 1990, 528（1）:

159-161.

[34] 张育辉，刘全宏，任耀辉，等. 中国大鲵卵母细胞发育的显微和超微结构［J］. 动物学报，1999（1）: 15-22.

[35] 张育辉，任耀辉，刘全宏，等. 中国大鲵垂体的显微与超微结构观察［J］. 解剖学报，1997（3）: 21-24+118.

[36] 杨国华，程红，付宏兰，等. 中国大鲵机械感受器的超微结构［J］. 动物学报，2001（5）: 587-592+608.

[37] 王立新，郑尧，艾闽，等. 大鲵皮肤cDNA文库构建及Arpc5l基因cDNA序列和组织表达分析［J］. 中国生物化学与分子生物学报，2011，27（3）: 273-281.

[38] 王立新，郑尧，李锋刚，等. 大鲵皮肤cDNA文库ests分析及dynll 2基因的分离与表达［J］. 水产学报，2011，35（6）: 801-808.

[39] 辛泽华，乔志刚，沈国民，等. 中国大鲵（Andrias davidianus）7种组织器官蛋白水解酶的种类和活性分析［J］. 解剖学报，2004（3）: 331-333.

[40] 彭亮跃，肖亚梅，骆剑，等. 中国大鲵不同组织同工酶的比较研究［J］. 水生生物学报，2007（6）: 915-919.

[41] 林作昆，曾德胜. 大鲵生物学特性及人工繁殖技术［J］. 现代农业科技，2019（23）: 209+211.

[42] 孙长铭. 大鲵养殖技术［M］. 北京: 海洋出版社，2016.

[43] 罗庆华，谢文海，王朝群，等. 张家界市大鲵产业发展战略分析［J］. 中国农学通报，2013，29（23）: 39-43.

[44] 唐秀锋，邬永忠，刘本祥，等. 大鲵人工繁殖技术初探［J］. 重庆水产，2008（4）: 19-20.

[45] 李伟龙，罗莉，李虹，等. 中国大鲵人工养殖技术研究进展［J］. 中国渔业质量与标准，2018，8（5）: 18-24.

[46] 唐杰. 试论人工繁殖大鲵的关键技术［J］. 畜禽业，2020. 31（6）: 55.

[47] 石建宁. 仿生态溪流下大鲵养殖技术要点［J］. 水产养殖，2020，41（7）: 58-59.

[48] 赵宪钧. 大鲵生态养殖技术要点［J］. 渔业致富指南，2019（11）: 45-48.

[49] 金立成. 人工配合饲料养殖大鲵试验报告［J］. 淡水渔业，1994（1）: 39-40.

[50] 陈碧霞，王福刚，曾庆民，等. 不同饵料种类喂养大鲵的比较试验［J］. 水产养殖，1992（4）: 10-11.

[51] 张皓迪，王双，李虹，等. 配合饲料和鲢鱼肉对大鲵生长的比较试验［J］. 水生生物学报，2021，45（1）: 146-152.

[52] 徐杭忠，李伟龙，罗莉，等. 紫苏叶可促进中国大鲵生长并改善部分生理功能［J］. 水生生物学报，2021，45（4）: 774-780.

[53] 王鲁，刘欣，胡佳，等. 梵净山区大鲵营养应激产生原因及防治措施［J］. 饲料研究，2020，43（9）: 145-148.

[54] 李莉，王锡昌，刘源. 中国养殖大鲵的食用、药用价值及其开发利用研究进展［J］. 食品工业科技，2012，33（9）: 454-458.

[55] 冯倩. 天宝春口服液对骨质疏松的防治效果观察（附5例报告）［J］. 中国社区医师，

2019，35（17）：177.

[56] 李唯，王建文，文立华. 大鲵骨粉对佝偻病模型大鼠补钙作用观察 [J]. 淡水渔业，
2013，43（S1）：30-33.

[57] 李唯，王建文，文立华. 大鲵肉蛋白对小鼠免疫功能的影响 [J]. 淡水渔业，2013，43
（S1）：34-37.

[58] 曹洁，余龙江，崔永明，等. 纯大鲵粉对小鼠抗疲劳作用及免疫功能的影响 [J]. 四川
动物，2008（1）：149-152.

[59] 杨志伟，郭文韬，黄世英，等. 人工养殖大鲵肉延缓黑腹果蝇衰老的实验研究 [J]. 时
珍国医国药，2009，20（4）：1025-1026.

[60] 黄正杰，崔建云，任发政，等. 大鲵粗提物延缓秀丽线虫衰老的研究 [J]. 食品工业，
2013，34（1）：122-125.

[61] 蔡佳佳，刘振珂，李吉华，等. 大鲵肉对d-半乳糖诱发小鼠衰老相关指标的影响 [J].
西部中医药，2015，28（7）：4-7.

[62] 陈曦，王杨科，陈德经. 大鲵皮肤药膏和大鲵黏液药膏烫伤药理试验研究 [J]. 湖北农
业科学，2012，51（13）：2797-2800.

[63] 陈曦，王杨科，陈德经. 大鲵皮肤和黏液抑菌效果及其中药膏制剂对烫伤的影响 [J].
中药药理与临床，2012，28（5）：111-114.

[64] 郭洁，华栋. 大鲵皮粉的抗炎镇痛作用 [J]. 河南中医，2013，33（6）：881-883.

[65] 王利锋，李学英，王大忠. 大鲵皮肤分泌液中抗菌肽对铜绿假单胞菌感染小鼠创面的抗
菌作用 [J]. 华西药学杂志，2011，26（4）：336-339.

[66] 金文刚，裴金金，贺屹潮，等. 大鲵皮肤分泌物抗菌肽andricin 01生物信息学分析 [J].
黑龙江畜牧兽医，2018（3）：206-208.

[67] 李林格，李伟，佟长青. 可抑制螨虫的肥皂及制备方法 [P]. CN103865689A. 2014-06-18.

[68] 张佳婵，薛玲，王昌涛. 大鲵尾部鱼油的酶法提取工艺 [J]. 食品科学技术学报，
2013，31（3）：25-29.

[69] 朱路英，张学成，宋晓金，等. N-3多不饱和脂肪酸DHA、EPA研究进展 [J]. 海洋科
学，2007（11）：78-85.

[70] 徐伟良，陈德经，刘宇，等. 大鲵皮肤黏液糖蛋白的提取纯化及抗肺癌活性研究 [J].
中国生化药物杂志，2015，35（8）：44-47.

[71] 张金豫，刘豪，孙会轻，等. 大鲵黏液糖蛋白的提取纯化及其抗氧化性 [J]. 中国食品
学报，2018，18（9）：175-181.

[72] 董渭雪，陈德经，辛茜，等. 大鲵黏液糖蛋白的抗氧化及防紫外作用 [J]. 陕西理工大
学学报（自然科学版），2018，34（3）：54-58.

[73] 金立成. 娃娃鱼的经济价值市场前景与保护 [J]. 农业科技通讯，2003（4）：26-27.

[74] 杨慧，陈德经，陈海涛，等. 大鲵肌肉分离蛋白特性 [J]. 肉类研究，2020，34（7）：
28-32.

[75] 罗庆华. 中国大鲵营养成分研究进展及食品开发探讨 [J]. 食品科学，2010，31（19）：
390-393.

[76] 刘绍，孙麟，阳爱生，等. 饲养中国大鲵氨基酸组成分析 [J]. 氨基酸和生物资源，

2007, 29（4）: 53-55.

[77] 金桥, 成芳, 曲敏, 等. 大鲵的开发研究现状 [J]. 广州化工, 2012, 40（2）: 9-10+35.

[78] 邢新会, 朱文明, 张翀. 大鲵软骨硫酸软骨素及其提取方法 [P]. CN107964055A. 2018-04-27.

[79] 张丽萍, 吴峰, 梁刚. 中国大鲵皮肤、肌肉与骨骼中6种微量元素测定 [J]. 营养学报, 2009, 31（5）: 519-520.

[80] 王苗苗, 罗庆华, 王海磊, 等. 张家界大鲵肌肉中矿物质元素的测定及评价 [J]. 江苏农业科学, 2014, 42（5）: 238-239+312.

[81] 熊铧龙, 姚俊杰, 蒋左玉, 等. 贵州人工养殖子二代大鲵骨骼、肌肉中10种元素的测定 [J]. 食品工业科技, 2014, 35（18）: 71-73+79.

[82] 王军, 于月英, 李林强, 等. 中国大鲵油脂肪酸成分及流变性分析 [J]. 食品科学, 2009, 30（24）: 405-408.

[83] 李林强, 昝林森. 中国大鲵肌内脂肪酸组成及其抗氧化研究 [J]. 食品工业科技, 2010, 31（1）: 364-366.

[84] 成芳, 闫欣, 李伟, 等. 大鲵胃蛋白酶分离纯化及其性质的研究 [J]. 食品工业科技, 2013, 34（1）: 125-128.

[85] Wu T, Sun L-C, Du C-H, et al. Identification of pepsinogens and pepsins from the stomach of European eel（*Anguilla anguilla*）[J]. Food Chemistry, 2009, 115（1）: 137-142.

[86] 李令媛. 镉诱导大鲵肝脏与肠金属硫蛋白的分离纯化与鉴定 [J]. 北京大学学报（自然科学版）, 1996, 32（4）: 534-542.

[87] 成芳. 大鲵胃蛋白酶与金属硫蛋白制备与性质研 [D]. 大连: 大连海洋大学, 2013.

[88] 李华. 大鲵皮中胶原蛋白的提取及性质研究 [J]. 淡水渔业, 2013, 43（2）: 71-74.

[89] 李莉, 顾赛麒, 王锡昌, 等. 响应面法优化酶法提取大鲵皮胶原蛋白工艺 [J]. 中国水产科学, 2013, 20（4）: 876-883.

[90] 李林格, 曲敏. 大鲵皮胶原蛋白肽的结构特性及其对乙醇诱导肝损伤小鼠的保护作用 [J]. 食品工业科技, 2014, 35（8）: 340-343.

[91] Chen X, Jin W, Chen D, et al. Collagens made from giant salamander（*Andrias davidianus*）skin and their odorants [J]. Food Chemistry, 2021, 361: 130061.

[92] 金文刚, 陈德经, 耿敬章, 等. 大鲵皮明胶提取及其性质分析 [J]. 食品与发酵工业, 2017, 43（2）: 174-179.

[93] 刘相莹, 王利平, 熊和丽, 等. 动物黑色素资源研究进展 [J]. 现代畜牧兽医, 2017（1）: 28-32.

[94] 杨慧, 陈德经, 夏冬辉, 等. 大鲵皮肤色素提取工艺及抗氧化研究 [J]. 天然产物研究与开发, 2019, 31（5）: 887-894.

[95] 雷敏. 鱿鱼墨黑色素及黑色素铁生物活性的研究 [D]. 青岛: 中国海洋大学, 2008.

[96] 杨慧, 陈德经, 陈海涛, 等. 大鲵皮肤色素的性质及功能研究 [J]. 食品研究与开发, 2019, 40（9）: 39-45.

[97] 陈德经. 大鲵黏液、皮肤及肉中氨基酸分析 [J]. 食品科学, 2010, 31（18）: 375-

376.

[98] 刘国琴，杨海莲. 生物化学 [M]. 3版. 北京：中国农业大学出版社，2019.

[99] 郭慧，邓文星，张映. 糖蛋白的研究进展 [J]. 生物技术通报，2009（3）：16-19.

[100] Qu M, Tong C, Kong L, et al. Purification of a secreted lectin from *Andrias davidianus* skin and its antibacterial activity [J]. Comparative Biochemistry and Physiology, Part C Toxicol Pharmacol, 2015, 167：140-146.

[101] Guo W, Ao M, Li W, et al. Major biological activities of the skin secretion of the Chinese giant salamander, *Andrias davidianus* [J]. Z Naturforsch C, 2012, 67（1-2）：86-92.

[102] Burke J E, Dennis E A. Phospholipase A$_2$ biochemistry [J]. Cardiovascular Drugs and Therapy, 2009, 23（1）：49-59.

[103] 董德刚，王万春，邓中平. 蛇毒研究进展：从致命毒素到新药开发 [J]. 药学学报，2020, 55（9）：2019-2026.

[104] 陈德经，徐伟良，苏文，等. 大鲵皮肤粘液多糖的提取及单糖组成分析 [J]. 天然产物研究与开发，2015, 27（10）：1700-1705.

[105] 于海慧，李伟，佟长青. 大鲵体表黏液透明质酸提取及其抗氧化活性的研究 [J]. 农产品加工，2018（10）：18-21.

[106] Bociek S M, Darke A H, Welti D, et al. The ^{13}C-NMR spectra of hyaluronate and chondroitin sulphates [J]. European Journal of Biochemistry, 1980, 109（2）：447-456.

[107] 辛茜，陈德经，陈小华，等. 顶空固相微萃取-气相色谱-质谱联用分析大鲵不同部位挥发性成分 [J]. 食品科学，2019, 40（20）：249-254.

[108] 金文刚，赵萍，金晶，等. 基于气相-离子迁移色谱分析大鲵不同可食部位挥发性成分指纹差异 [J]. 食品科学，2022, 43（2）：303-309.

[109] 张红星，王启军，赵虎，等. 大鲵与人们所食用的其他优质水产品营养成分的比较 [J]. 海洋与渔业，2009（12）：49-51.

[110] Cederholm T, Barazzoni R, Austin P, et al. Espen guidelines on definitions and terminology of clinical nutrition [J]. Clinical Nutrition, 2017, 36（1）：49-64.

[111] 张旭东，董四平，杨威，等. 基于citespace的我国临床营养研究可视化分析 [J]. 中国医疗管理科学，2021, 11（2）：91-96.

[112] 廉博，孙琳，代玉洁. 复合活性肽复配蛋白对口腔颌面部肿瘤患者术后营养状况及创面愈合的影响 [J]. 延安大学学报（医学科学版），2019, 17（3）：26-29.

[113] 刘刚，沈旸. 低聚肽强化麦芽糊精果糖液对胃癌患者临床效果的影响 [J]. 肿瘤代谢与营养电子杂志，2020, 7（4）：433-437.

[114] 黄婷婷，严彩红，王玲，等. 小分子肽口服营养补充在重型新型冠状病毒肺炎患者中的应用 [J]. 中国食物与营养，2021, 27（3）：76-80.

[115] 郝鹏飞，许汪，杜寿文，等. 冠状病毒起源、受体及新型冠状病毒检测与疫苗最新研究进展 [J]. 新发传染病电子杂志，2020, 5（2）：74-78+60.

第二章

大鲵活性肽制备

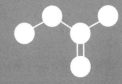

第一节 生物活性肽

一、生物活性肽的来源

氨基酸之间通过肽键连接构成肽。根据肽所含有氨基酸残基的多少又被称为寡肽和蛋白质。因此，寡肽与蛋白质的区别在于所含有的氨基酸残基的多少。生物活性肽是对生物机体的生命活动有积极作用的肽类化合物，通常含有2~20个氨基酸残基，相对分子质量小于6000[1]。现代科学研究表明，从动物、植物、微生物以及病毒中都可以提取出肽类活性物质。食源性生物活性肽可以分为植物源和动物源两大类[2]。动物源肽与植物源肽具有不同的氨基酸组成，相对而言，动物源蛋白质中必需氨基酸组成比较全面。目前，已有大量食源性动物来源的生物活性肽的研究报道，尤其值得关注的是两栖动物活性肽的研究报道。两栖动物是一类原始的、初登陆的、具五趾型的变温四足动物，皮肤内含有丰富的腺体（主要包括黏液腺与颗粒腺）分布，具有混合型血液循环[3]。因此，两栖类动物除了其肌肉是生物活性肽的重要来源，其皮肤腺体分泌物也是生物活性肽的主要来源。

从两栖动物中发现的较多生物活性肽是抗菌肽、抗氧化活性肽以及凝集素，它们是两栖动物非特异性免疫分子的组成部分。此外，两栖动物皮肤中还存在缓激肽（bradykinin，BK）。缓激肽是激肽释放酶-缓激肽系统中的一种主要激肽类物质，参与多系统器官的功能调节和病理生理过程[4]。从两栖动物中还发现了多种来源不同的促胰岛素释放肽、神经肽以及香偶素（sodefrin）[5-7]。徐跃等总结了无尾两栖类抗肿瘤肽的研究概况，结果显示已经发现的两栖类抗肿瘤肽分属多个家族，并具有正电性、疏水性和两亲性等特征[8]。目前，两栖类生物活性肽处于理论研究阶段的工作较多，进行实际应用的工作较少。随着对两栖类生物活性肽研究的不断深入，其表现出了越来越广阔的发展前景。

二、生物活性肽制备技术

生物活性肽制备技术主要有酶解法、微生物发酵法、化学水解法、化学合成法以及基因工程法。不同的制备方法得到的肽具有不同的物理化学性质以及生物活性。酶解法制备生物活性肽较易实现大规模产业化生产，具有产品安全、反应条件温和，易于控制的优点[9]。酶解法制备生物活性肽过程中，使用的生物酶有很多种类，常见的蛋白酶有胃蛋白酶、胰蛋白酶、胰凝乳蛋白酶、木瓜蛋白酶、碱性蛋白酶等。利用蛋白酶水解蛋白质的过程中得到水解产物即寡肽，寡肽的种类、大小、生物活性受使用的酶的种类影响。不同种类的酶具有不同的酶切位点，因而产生的寡肽的生物活性也有差异。

微生物发酵法是利用微生物发酵过程中所产生的蛋白酶将蛋白质分子水解成寡肽。相较于酶解法制备生物活性肽而言，微生物发酵过程中还会产生除了蛋白酶以外的其他酶类来降解糖类物质和脂质，因此，对微生物发酵法获得的产物进行纯化的步骤比较繁琐，限制了该方法在实际生产中的应用。微生物发酵法中常用的微生物有枯草芽孢杆菌、放线菌、黑曲霉、米曲霉、酿酒酵母等[10]。

化学水解法是指在一定条件下，利用化学试剂将蛋白质分子的肽键断裂，获得寡肽的方法[11]。化学水解法主要为酸水解法和碱水解法。两者生产成本较低，但对蛋白质中部分氨基酸残基具有破坏作用。

化学合成法主要有液相合成法、固相合成法以及自然化学连接法等[12]。液相合成法是在液相环境中，从肽链C端向N端增加氨基酸来合成肽链的一种方法，或者是先合成短的肽链，然后肽链之间再脱水缩合，形成所需要的肽链[13]。固相合成法是将目标肽的C末端固定于固相载体上，从肽链的C端到N端顺序合成，合成结束时从固相载体上切割下目标肽[14]。自然化学连接法是利用硫酯和半胱氨酸的快速连接反应来得到全长肽链的方法[14]。化学合成法制备生物活性肽具有纯度高、可自动化生产的优点，但生产成本较高。

基因工程法是利用脱氧核糖核酸（DNA）重组技术，设计出控制多肽表达的DNA模板，将其导入微生物体内进行表达出目标肽的一种方法[15]。基因工程法具有可以大量获得目标肽的优点，但也存在着产物易被降解、表达量低等缺点。

每一种生物活性肽的制备方法都有其优缺点。目前，在实际应用中生物活性肽主要的制备方法是酶解法。酶解法具有安全、易控制的优点，适于工业化生产。但是需要确定合适的酶及酶解条件，提高目标肽的纯度。

三、生物活性肽的应用

蛋白质进入人体后，在消化道中酶的作用下，水解成游离的氨基酸和多肽被人体吸收。游离氨基酸依靠肠细胞的中性、酸性、碱性和亚氨基酸四类转运系统进行吸收，是主动吸收系统[16]。多肽的吸收主要依靠氢离子浓度或钙离子浓度的转运系统、具有pH依赖性的非耗能性钠离子/氢离子交换转运系统以及谷胱甘肽转运系统这3种转运系统之一来进行[17]。大量研究表明，相对分子质量较小的肽比游离氨基酸更容易被人体吸收，吸收速度更快。因此，生物活性肽在机体中是发挥非氨基酸营养作用的重要形式。

（一）生物活性肽在食品领域中的应用

生物活性肽在食品及动物饲料领域中有着广泛的应用。根据生物活性肽的不同生物学功能，应用在食品的不同领域中。在脂质抗氧化领域中，可以利用具有抗氧化作用的生物活性肽防止脂质的氧化。Kittphattanabawon等研究发现水解度为40%的明胶水解产物具有抑制脂质氧化的作用[18]。在食品保鲜领域，人们对具有抗菌活性的肽进行了广泛的研究。宋宏霞研究了紫贻贝抗菌肽在草莓保鲜、鲈鱼防腐等方面的应用，发现抗菌肽对草莓保鲜和鲈鱼防腐均有一定作用[19]。周国海等研究了从副干酪乳杆菌坚韧亚种中分离得到的抗菌肽F1对荔枝的保鲜作用，发现用抗菌肽F1处理的荔枝具有存放时间长、耐冻融、抑制果皮褐变及果肉软化的作用[20]。王风萍等利用6mg/mL苦荞活性肽浸渍液对罗非鱼片进行保鲜实验，发现苦荞活性肽可以将4℃条件下罗非鱼片的保质期由4d延长至8d[21]。许多具有抗氧化、抗疲劳、增强免疫力的生物活性肽被广泛应用在肽类保健食品中，并且有部分肽类保健食品获得了国家市场监督管理总局的批准[2]。

（二）生物活性肽在特殊医学用途配方食品中的应用

生物活性肽是特殊医学用途配方食品的重要原料之一，被广泛应用在特殊医学用途配方食品中。特殊医学用途配方食品对疾病没有预防和治疗的作用，但是在疾病的治疗和康复过程中，起着积极的改善作用。它可以减少因营养不良导致的并发症和住院率[22]。生物活性肽利用率高，具有独特的生理调节功能，且来源广泛，种类丰富。与蛋白质相比，生物活性肽具有良好的起泡性、乳化性以及稳定性且黏度低。生物活性肽在人体中的营养吸收及安全性优于蛋白质。因此，生物活性肽组件的组合比蛋白质及氨基酸的组合具有更全面的营养性，更有利于患者恢复健康。

第二节　大鲵活性肽制备工艺

大鲵肌肉中含有粗蛋白为17.15%，水分为84.04%，粗脂肪为1.73%，灰分为0.66%[23]。从大鲵肌肉中共检测出17种氨基酸，总氨基酸含量为18.64%，7种人体必需氨基酸含量为7.25%，占总氨基酸的比例为38.89%，鲜味氨基酸含量为6.82%，占总氨基酸的比例为36.59%[23]。大鲵肌肉具有较高的蛋白质含量，是制备生物活性肽的优质原料。不同的养殖方式获得的大鲵，其肌肉中蛋白质含量不同。罗庆华分析了野生大鲵、仿生态养殖大鲵及人工养殖大鲵之间的肌肉营养价值，发现仿生态养殖的大鲵肌肉中水分低，蛋白质含量分别高于野生大鲵与人工养殖大鲵20.41%与11.09%[24]。刘绍等发现大鲵肉中蛋白质含量丰富（164.3g/kg），氨基酸组成全面，符合人体需要量模式，且呈味氨基酸含量与比例高[25]。

大鲵活性肽（*Andrias davidianus* active peptide，ADAP）的制备主要是通过酶解技术来实现的。马晓燕等利用动物蛋白水解酶在pH 8.0下水解大鲵蛋白质，水解度可达44.05%[26]。付静等研究了在各酶最适pH和温度条件下，在加酶量2000U/g、料液比1∶25时，碱性蛋白酶（alcalase）、中性蛋白酶（neutral protease）、风味蛋白酶（flavourzyme）及复合蛋白酶（protamex）等4种酶酶解大鲵肉5h的肽得率，发现复合蛋白酶酶解大鲵肉所获得的肽得率最高，为13.75%。进一步获得了该酶酶解大鲵肉的最佳条件为料液比1∶35、温度60℃及酶解时间7h[27]。刘欣等研究了用碱性蛋白酶和木瓜蛋白酶（质量比1∶3）酶解大鲵肉，发现最佳条件为料液比1∶7、温度55℃、pH 7.5及酶解时间5h，肽得率达36.18%[28]。

王文莉等对利用*Aspergillus* sp.酸性蛋白酶酶解大鲵肉进行了详细的单因素的影响和正交实验研究[29]。首先进行了在pH 2.0及加酶量为0.5%（质量分数）时，于40、45、50、55、60℃下*Aspergillus* sp.酸性蛋白酶对大鲵肉分别酶解4.5h的实验，结果表明，酶解温度在40～60℃变化时，随着酶解温度继续上升，肽得率逐渐升高，当温度达到55℃，肽得率达到最大值后，继续提高酶解温度，所得的肽得率出现下降的趋势[29]。

在pH 2.0、加酶量为0.5%（质量分数）及温度45℃条件下，利用*Aspergillus* sp.酸性蛋白酶对大鲵肉分别酶解1.5、3、4、5、6h，结果表明，酶解时间在3～5h时，随着酶解时间的增加肽得率也不断增加，但在5h后上升幅度趋于平缓，所以酶解时间为5h的肽得率为最佳酶解时间[29]。在加酶量为0.5%（质量分数）及温度45℃条件下，pH分别为2.0、2.5、3.0、3.5、4.0时利用*Aspergillus* sp.酸性蛋白酶酶解大鲵肉5h，结果表明，随着pH的不断升高，肽得率出现下降下趋势，因此*Aspergillus* sp.酸性蛋白酶酶解大鲵肉的最适pH为2.0[29]。在pH 2.0、温度45℃条件下，加酶量为[0.2%、0.3%、0.4%、0.5%、0.6%（质量分数）]时分别利用*Aspergillus* sp.酸性蛋白酶酶解大鲵肉5h，结果表明，当加酶量不断增加时，肽得率不断上升，当酶加量大于0.3%（质量分数）时，肽得率上升幅度平缓，综合考虑，确定酶最佳添加量为0.4%（质量分数）[29]。

根据*Aspergillus* sp.酸性蛋白酶酶解大鲵肉单因素实验所得到的数据，设计*Aspergillus* sp.酸性蛋白酶酶解大鲵肉正交因素水平见表2-1。以肽得率为指标进行酶加量、酶解时间、pH和温度的四因素三水平正交实验$L_9(3^4)$，以期获得最佳酶解大鲵肉的酶解条件，正交实验结果见表2-2。

表2-1 *Aspergillus* sp.酸性蛋白酶酶解大鲵肉正交因素水平表[29]

水平	因素			
	A	B	C	D
1	2.0	45	4.5	0.3%
2	2.5	50	5.0	0.4%
3	3.0	55	5.5	0.5%

注：A: pH；B: 酶解温度（℃）；C: 酶解时间（h）；D: 加酶量（质量分数）。

如表2-2所示，各因素对*Aspergillus* sp.酸性蛋白酶酶解大鲵肉影响顺序为B＞C＞D＞A，即酶解温度＞酶解时间＞加酶量＞pH。各个因素的影响顺序为$B_1C_3D_2A_1$。$B_1C_3D_2A_3$肽得率最高，因为pH的影响不是最明显的，所以最优水平为$B_1C_3D_2A_1$，即pH为2.0、酶解温度为45℃、酶解时间为5.5h以及加酶量为0.4%（质量分数）时，*Aspergillus* sp.酸性蛋白酶酶解大鲵肉所得到的大鲵肽为最多[29]。

表2-2 *Aspergillus* sp.酸性蛋白酶酶解大鲵肉正交结果[29]

实验号	因素				肽得率/%
	A	B	C	D	
1	1	1	1	1	84.43
2	1	2	2	2	76.79
3	1	3	3	3	79.16
4	2	1	2	3	77.51
5	2	2	3	1	78.66
6	2	3	1	2	73.89
7	3	1	3	2	92.12
8	3	2	1	3	72.84
9	3	3	2	1	64.43
K_1	240.55	254.1	231.16	227.52	
K_2	230.1	228.46	218.94	242.97	
K_3	229.39	217.48	249.94	229.55	
k_1	80.18	84.7	77.05	75.84	

续表

实验号	因素				肽得率/%
	A	B	C	D	
k_2	76.7	76.15	72.98	80.99	
k_3	76.46	72.49	83.31	76.52	
R	3.72	12.21	10.33	5.15	

注：A：pH；B：酶解温度（℃）；C：酶解时间（h）；D：加酶量（质量分数）。

　　将Aspergillus sp.酸性蛋白酶酶解大鲵肉获得的肽产物进行时间飞行质谱检测，结果见图2-1。所获得的大鲵肽质荷比（m/z）小于2000，m/z主要有948.365、1020.105、1150.219、1262.864、1435.411、1830.835[29]。

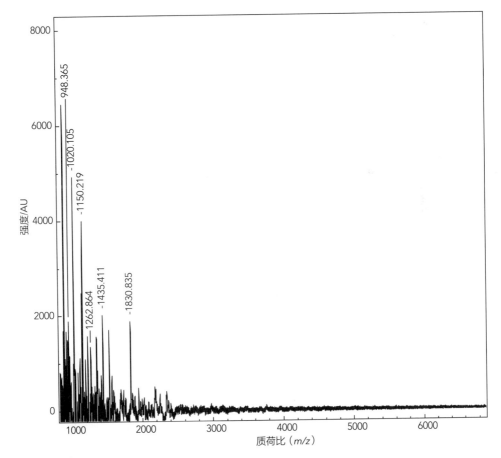

图2-1　大鲵肉酶解产物飞行质谱图[29]

采用不同的酶解方法酶解大鲵肉可以得到不同的大鲵肽。李伟等的发明专利提供了一种利用海洋碱性蛋白酶和木瓜蛋白酶对大鲵肉匀浆进行酶解获得大鲵肽的方法。酶解产物通过Sephadex LH-20分子筛层析、HPLC分离得到大鲵肽（图2-2、图2-3）[30]。

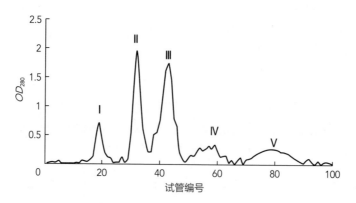

图2-2   大鲵蛋白酶解后Sephadex LH-20分子筛层析图[30]

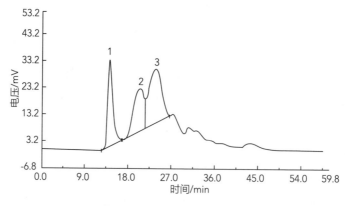

图2-3   大鲵肽高效液相色谱图[30]

使用液相色谱串联四极杆飞行时间质谱仪对大鲵活性肽进行检测，一级质谱图如图2-4所示，二级质谱图如图2-5（1）~图2-5（8）所示，在NCBI数据库上进行BLAST的分析，得到m/z为928.4271、氨基酸序列为HDCDLLR，以及m/z为1261.6527、氨基酸序列为LEAQSRPFDAK的两个抗氧化大鲵肽[30]。

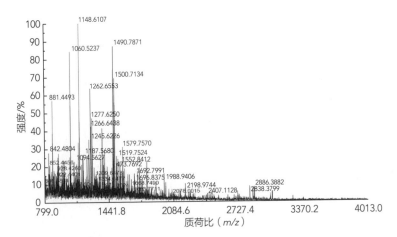

图2-4　大鲵活性肽的二级质谱图[30]

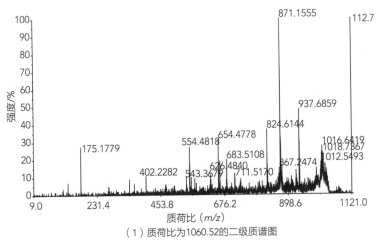

（1）质荷比为1060.52的二级质谱图

（2）质荷比为1137.61的二级质谱图

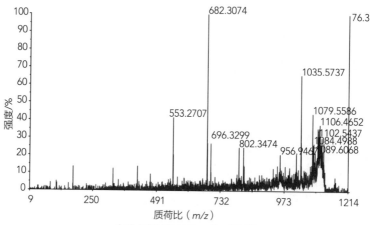

（3）质荷比为1148.61的二级质谱图

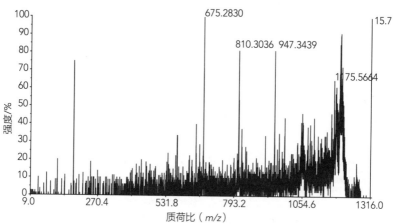

（4）质荷比为1245.62的二级质谱图

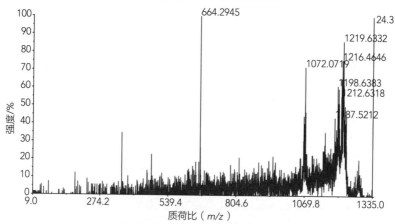

（5）质荷比为1262.66的二级质谱图

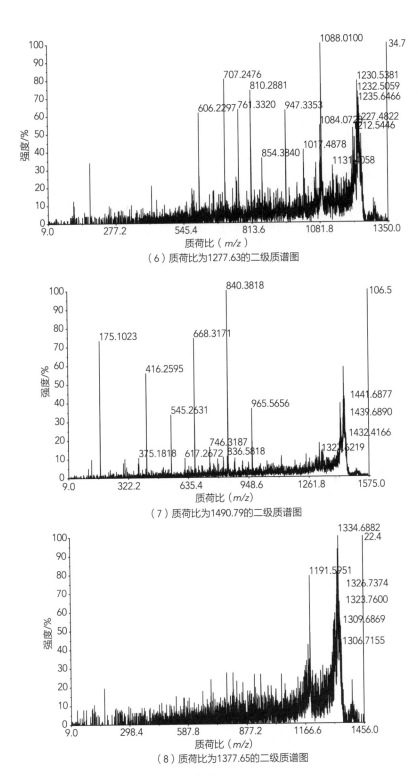

（6）质荷比为1277.63的二级质谱图

（7）质荷比为1490.79的二级质谱图

（8）质荷比为1377.65的二级质谱图

图2-5　大鲵活性肽的二级质谱图[30]

第三节　大鲵活性肽制备工艺的优化

为了获得具有更好生物活性的大鲵肽，按照如下流程对大鲵肽进行制备并进行优化：

取大鲵肉 → 匀浆 → 调节pH → 酶解 → 灭酶15min → 冷却至室温 → 离心（9000r/min、20min）→ 取上清液 → 浓缩、冻干 → 指标测定[31]

因为酵母具有易于得到、使用方便的优点，因此选择酵母作为肽活性检测的模式生物。以酶解得到的大鲵活性肽对酵母产乙醇的量和酵母增殖作用的影响，作为筛选酶解过程中使用的蛋白酶的条件，结果如图2-6。在各种蛋白酶的最适温度及pH条件下，以液料比（5∶1）、酶解时间（5h）、加酶量（20g/L）条件下，进行酶解大鲵蛋白制备大鲵肽实验，测定大鲵活性肽对酵母产乙醇的量和酵母增殖作用的影响，结果表明碱性蛋白酶酶解获得的大鲵活性肽与酿酒酵母共同培养后，OD_{600}为0.5778，与除中性蛋白酶外的其他3种酶具有显著性差异（$P<0.05$），乙醇含量为6.24%（体积分数），显著高于其他种类蛋白酶（$P<0.05$），其水解度为18.97%。利用碱性蛋白酶酶解大鲵蛋白获得的大鲵活性肽具有较好的促进酿酒酵母的性能并提高其代谢能力。因此，后续酶解实验均采用碱性蛋白酶对大鲵蛋白进行酶解。

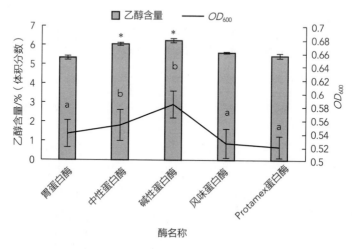

图2-6　不同蛋白酶对酿酒酵母RV002的影响

注：不同小写字母表示有显著性差异（$P<0.05$），*表示有显著性差异（$P<0.05$）。

液料比对酶解物与酿酒酵母共同培养的影响结果如图2-7。以OD_{600}和乙醇含量为考察指标，选取不同液料比（2∶1、3∶1、5∶1、8∶1、12∶1），对大鲵肉进行酶解。当液料比变大时，OD_{600}和乙醇含量均先增后减。当液料比为5∶1时，OD_{600}和乙醇含量均达到最大值，分别为0.4677%、5.57%（体积分数）。因此，5∶1为最适液料比。

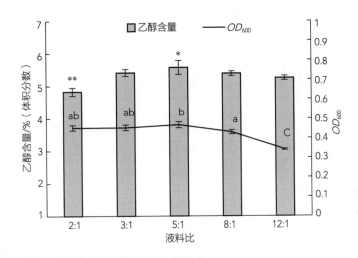

图2-7　液料比对酿酒酵母RV002的影响

注：不同小写字母表示有显著性差异（$P<0.05$），*表示有显著性差异（$P<0.05$）。
大写字母与小写字母相比具有极显著性差异（$P<0.01$），**表示极显著性差异（$P<0.01$）。

酶解时间对酿酒酵母的影响如图2-8所示。以OD_{600}和乙醇含量为考察指标，选取不同酶解时间（1、3、5、7、9h）。随着酶解时间的增加，ADAP与酿酒酵母共同培养液的OD_{600}以及乙醇含量呈先增后减的趋势，在酶解3h时，二者均达到最大值，分别为0.3800、5.47%（体积分数），乙醇含量极显著高于其他时间（$P>0.01$）。较其他酶解时间相比，酶解3h为最适酶解时间，得到的酶解产物对酿酒酵母的增殖和性能有良好的促进作用。

加酶量对酿酒酵母的影响如图2-9所示。以OD_{600}和乙醇含量为考察指标，选取不同的加酶量［1%、1.5%、2%、2.5%、3%（质量分数）］，对大鲵肉进行酶解。随着加酶量的增加，OD_{600}以及乙醇含量均先增大后减小，当加酶量为2%（质量分数）时，二者均为最大值，分别为0.4417%、5.84%（体积分数），均显著高于其他加酶量（$P>0.01$）。因此，2%（质量分数）为最适加酶量，该条件下得到的酶解产物对酿酒酵母的影响优于其他。

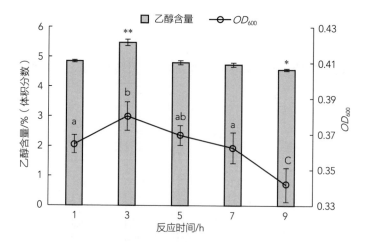

图2-8   酶解时间对酿酒酵母RV002的影响

注：不同小写字母表示有显著性差异（$P<0.05$），*表示有显著性差异（$P<0.05$）。
大写字母与小写字母相比具有极显著性差异（$P<0.01$），**表示有极显著性差异（$P<0.01$）。

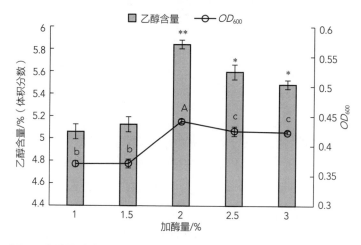

图2-9   加酶量对酿酒酵母RV002的影响

注：不同小写字母表示有显著性差异（$P<0.05$），*表示有显著性差异（$P<0.05$）。
大写字母与小写字母相比具有极显著性差异（$P<0.01$），**表示有极显著性差异（$P<0.01$）。

温度对酶解产物与酿酒酵母作用的影响如图2-10所示。以OD_{600}和乙醇含量为考察指标，选取不同温度（35、40、45、50、55℃），对大鲵肉进行酶解。酶解产物对OD_{600}和乙醇含量的影响趋势为先升后降，在45℃时吸光度与乙醇含量达到最高，分别为0.3850%、5.50%（体积分数），说明碱性蛋白酶在此时的活性最高，较其他温度下得到的酶解产物对酿酒酵母的影响差异极显著（$P>0.01$）。因此，最适温度为45℃。

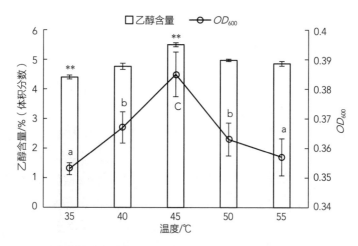

图2-10　温度对酿酒酵母RV002的影响

注：不同小写字母表示有显著性差异（$P<0.05$），*表示有显著性差异（$P<0.05$）。
　　大写字母与小写字母相比具有极显著性差异（$P<0.01$），**表示有极显著性差异（$P<0.01$）。

　　pH对酶解产物与酿酒酵母作用的影响如图2-11所示。以OD_{600}和乙醇含量考察指标，选取不同pH（8.5、9.0、9.5、10.0、10.5、11.0、11.5），对大鲵肉进行酶解。酶解产物与酿酒酵母共同培养液在pH为9时的OD_{600}为0.3740，极显著高于其他pH（$P<0.01$），乙醇含量最高为6.11%（体积分数），除pH 9.5外显著高于其他值（$P<0.05$）。当pH持续升高时，吸光度以及乙醇含量先升后降。因此，酶解大鲵肉的最适pH为9。

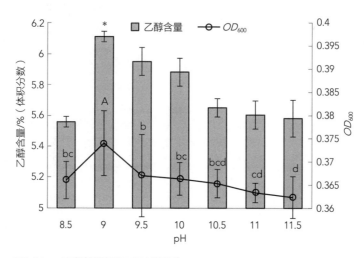

图2-11　pH对酿酒酵母RV002的影响

注：不同小写字母表示有显著性差异（$P<0.05$），*表示有显著性差异（$P<0.05$）。
　　大写字母与小写字母相比具有极显著性差异（$P<0.01$），**表示有极显著性差异（$P<0.01$）。

　　依据Box-Behnken实验的设计理论，在单因素实验的基础上，选取酶解时间（A）、液料比（B）以及加酶量（C）为自变量，以OD_{600}和乙醇含量为响应值，进行三因素三水平响应面优化实验，实验设计和结果见表2-3。

表2-3 Box-Behnken实验设计与结果

实验号	因素			响应值	
	时间（A）	液料比（B）	加酶量（C）	OD_{600}（Y_1）	乙醇含量（Y_2）/%（体积分数）
1	-1	-1	0	0.4326	4.5947
2	0	-1	-1	0.4832	5.5596
3	0	0	0	0.5164	6.3178
4	0	0	0	0.5145	6.1800
5	0	0	0	0.5154	6.3178
6	0	0	0	0.5068	6.1110
7	-1	1	0	0.4689	5.1461
8	-1	0	1	0.4568	5.2150
9	-1	0	-1	0.4291	4.3879
10	0	-1	1	0.4612	5.0771
11	1	0	-1	0.4901	5.8353
12	1	0	1	0.5035	5.4907
13	1	-1	0	0.5064	5.6975
14	0	1	-1	0.4798	5.2150
15	0	0	0	0.5067	6.1800
16	1	1	0	0.5048	5.6285
17	0	0	1	0.5065	5.8353

模型建立与显著性检验

　　通过Design-Expert 8.0.6软件对表2-3中的数据进行回归分析，得到响应面回归方程如下：

　　Y_1（OD_{600}）=0.51+0.027A+0.009575B+0.005725C-0.0094753AB-0.003575AC+0.012BC-0.023A^2-0.010B^2-0.019C^2（R_1^2=0.9794）

Y_2（乙醇含量）$=0.049+0.003264A+0.0008841B+0.000612C-0.001224AB-0.002312AC+0.002176BC-0.004515A^2-0.003019B^2-0.003291C^2$（$R_2^2=0.9903$）

式中，A、B、C分别为酶解时间、液料比、加酶量的编码值。

方差分析结果见表2-4及表2-5。从两个表中可知，两个模型的P值均小于0.0001，表明回归模型方程极显著，OD_{600}的失拟项$P=0.1992>0.05$，乙醇含量的失拟项$P=0.6019>0.05$，表明均不显著，两个模型的决定系数分别为$R_1^2=0.9794$，$R_2^2=0.9903$，接近于1，说明通过二次回归得到的OD_{600}及乙醇含量的模型与实验拟合程度好，实测值与预测值之间相关性较高，R_{1adj}^2、R_{1pred}^2的差值与R_{2adj}^2、R_{2pred}^2的差值分别为0.1791、0.0411小于0.2，表明除给定的影响因素外无其他影响因素。响应值Y_1（OD_{600}）的变化97.94%来自于酶解时间、液料比以及加酶量，该模型可对响应值Y_2（乙醇含量）中99.03%实验结果的可变性进行解释，说明实验误差小，可以充分反映各因素与响应值之间的关系，因此实验结果用这2个方程进行分析是可行的[32-36]。

表2-4　以OD_{600}为响应值的响应曲面回归模型及方差分析

来源	总方差	自由度	均方	F值	P值	显著性
A	0.005908	1	0.005908	156.1199	<0.0001	**
B	0.000733	1	0.000733	19.38192	0.0031	**
C	0.000262	1	0.000262	6.928994	0.0338	*
AB	0.000359	1	0.000359	9.489594	0.0178	*
AC	5.11×10^{-5}	1	5.11×10^{-5}	1.350956	0.2832	
BC	0.000593	1	0.000593	15.66849	0.0055	**
A^2	0.002284	1	0.002284	60.36675	0.0001	**
B^2	0.000464	1	0.000464	12.24965	0.01	*
C^2	0.001487	1	0.001487	39.29477	0.0004	**
模型	0.01258	9	0.001398	36.93823	<0.0001	**
残差	0.000265	7	3.78×10^{-5}			
失拟项	0.000173	3	5.75×10^{-5}	2.493535	0.1992	
纯误差	9.23×10^{-5}	4	2.31×10^{-5}			
总离差	0.012845	16				

$R_1^2=0.9794$　$R_{1adj}^2=0.9529$　$R_{1pred}^2=0.7738$　$CV_1=1.26\%$　精密度=16.958

注：*差异显著（$P<0.05$）；**差异极显著（$P<0.01$）。

表2-5 以乙醇含量为响应值的响应曲面回归模型及方差分析

来源	总方差	自由度	均方	F值	P值	显著性
A	8.52×10^{-5}	1	8.52×10^{-5}	184.1096	<0.0001	**
B	6.25×10^{-6}	1	6.25×10^{-6}	13.50457	0.0079	**
C	3.00×10^{-6}	1	3.00×10^{-6}	6.472603	0.0384	*
AB	5.99×10^{-6}	1	5.99×10^{-6}	12.94521	0.0088	**
AC	2.14×10^{-5}	1	2.14×10^{-5}	46.18721	0.0003	**
BC	1.89×10^{-5}	1	1.89×10^{-5}	40.91324	0.0004	**
A^2	8.59×10^{-5}	1	8.59×10^{-5}	185.4285	<0.0001	**
B^2	3.84×10^{-5}	1	3.84×10^{-5}	82.90988	<0.0001	**
C^2	4.56×10^{-5}	1	4.56×10^{-5}	98.52151	<0.0001	**
模型	0.00033	9	3.66×10^{-5}	79.13508	<0.0001	**
残差	3.24×10^{-6}	7	4.63×10^{-7}			
失拟项	1.11×10^{-6}	3	3.70×10^{-7}	0.694444	0.6019	
纯误差	2.13×10^{-6}	4	5.33×10^{-7}			
总离差	0.000333	16				

$R_2^2=0.9903$ $R_{2adj}^2=0.9778$ $R_{2pred}^2=0.9367$ $CV_2=1.55\%$ 精密度=26.818

注：*差异显著（$P<0.05$）；**差异极显著（$P<0.01$）。

相关系数的显著性可用P值进行检验，二者呈负相关，F值体现各变量对响应值的贡献率，二者呈正相关。根据方差分析（表2-4、表2-5）可知，其中C、AB、B^2对响应值Y_1（OD_{600}）的影响显著（$P<0.05$），A、B、BC、A^2、C^2对Y_1（OD_{600}）的影响极显著（$P<0.01$）；C对响应值Y_2（乙醇含量）的影响显著（$P<0.05$），A、B、AB、AC、BC、A^2、B^2、C^2对响应值Y_2（乙醇含量）的影响极显著（$P<0.01$）。由显著性可知，自变量对响应值的影响呈非线性，二次项与交互项对响应值均有影响。根据F值的大小可判断，3个因素对响应值Y_1（OD_{600}）以及响应值Y_2（乙醇含量）的影响排序均为：$A>B>C$；各因素交互作用对响应值Y_1（OD_{600}）的影响为：$BC>AB>AC$，对响应值Y_2（乙醇含量）的影响为：$AC>BC>AB$。

响应面分析

响应曲面图是由自变量间两两交互作用形成的，可形象描述回归方程，直观反映自变量交互作用对响应值影响程度的三维立体曲线图。响应曲面图的陡缓与变量对响应值的影响程度呈正相关。等高线在一定程度上反映交互项对响应值影响的显著性，等高线接近椭圆表示交互项显著性强，越接近圆形则表明两因素的交互作用对响应值的影响越弱[37-43]。

根据回归拟合分析结果，将任何一个变量固定在0水平，做出其余两变量的相互作用的响应曲面图以及等高线图。图2-12所示为各变量交互作用对响应值Y_1（OD_{600}）的响应曲面图和等高线图，图2-13所示为各变量交互作用对响应值Y_2（乙醇含量）的响应曲面图和等高线图。

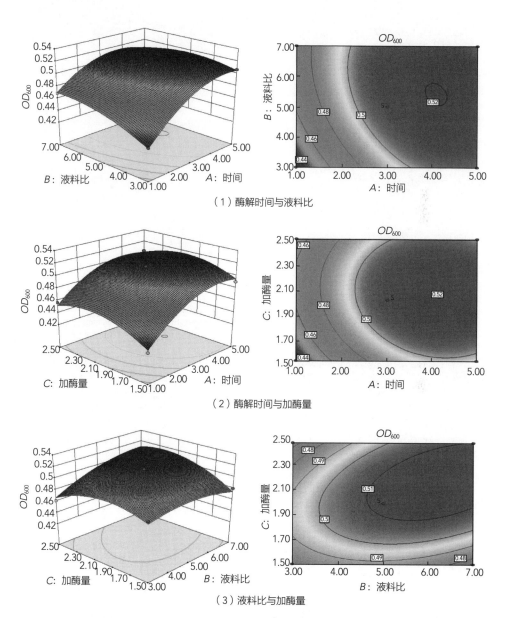

图2-12　各变量交互作用对吸光度（OD_{600}）影响的响应面和等高线

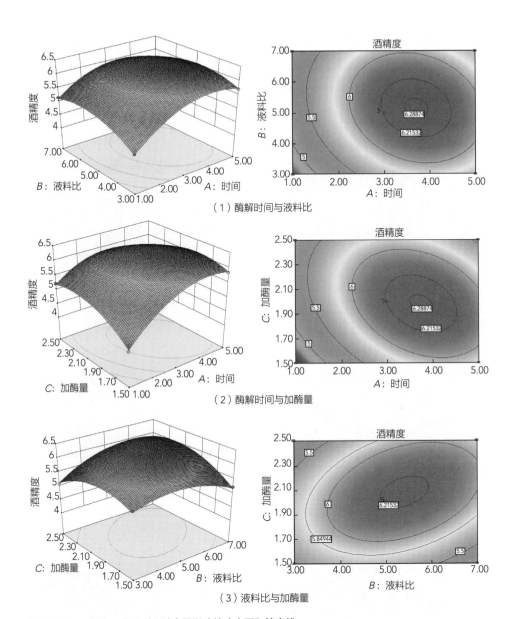

（1）酶解时间与液料比

（2）酶解时间与加酶量

（3）液料比与加酶量

图2-13　各变量交互作用对乙醇含量影响的响应面和等高线

如图2-12、图2-13所示，各变量及其交互作用对响应值的影响以及在所处范围内存在极值[44]。如图2-12所示，三个变量对吸光度（OD_{600}）均有一定的影响，如图2-12（2）、图2-12（3）所示，A对吸光度（OD_{600}）的影响大于B，如图2-12（1）、图2-12（2）所示，吸光度（OD_{600}）受B的影响比C大，如图2-12（1）、图2-12（3）所示，C对吸光度（OD_{600}）的影响小于A；如图2-12所示，BC对OD_{600}的影响最为显著，其次AB，对响应值影响最不显著的是AC，与方差分析结果一致。

如图2-13（1）、图2-13（2）和图2-13（3）所示，各变量对乙醇含量的影响程度由强到弱依次为A、B、C；如图2-13（1）、图2-13（2）和图2-13（3）所示，各变量交互作用对乙醇含量影响的显著程度为：AC最为显著，其次BC，最不显著的就是AB的交互作用，与方差分析结果一致。

最佳工艺条件验证实验。根据Design-Expert 8.0.6软件分析该模型得到最佳工艺条件：酶解时间3.84h、液料比5.34：1（mL/g）、加酶量2.04%（质量分数）、温度45℃、pH 9。在此条件下，吸光度（OD_{600}）为0.5203，乙醇含量为6.29%（体积分数）。以最优工艺条件进行3次平行实验，吸光度（OD_{600}）为0.5110±0.0019，与理论值的相对误差为1.79%，无显著性差异；乙醇含量为（6.19±0.07）%（体积分数），与理论值较接近，相对误差为1.54%，无显著性差异。表明通过该双响应面优化模型能够较好的优化大鲵活性肽提取工艺，得到的ADAP对酿酒酵母具有促进作用，具有一定的实际应用价值。

第四节　大鲵肽的修饰

类蛋白反应（Plastein反应）是修饰生物活性肽的常用方法。类蛋白反应可以将限制性氨基酸结合到多肽中，从而改善生物活性肽的效价[45]。类蛋白反应用来修饰生物活性肽只需要添加食品级的酶及氨基酸，不会引入有毒有害物质[46]。类蛋白反应修饰在食源性活性肽的结构改造方面有着广泛的应用。本节利用高效酶解联合类蛋白反应修饰的方法，进行了制备大鲵活性肽的研究。

类蛋白反应单酶筛选结果如图2-14所示。固定底物浓度40%（质量分数）、酶解时间3h、加酶量2%（质量分数），选取各种酶的最适酶解条件。由游离氨基酸减少量可知，风味蛋白酶与中性蛋白酶二者之间无显著性差异（$P>0.05$），游离氨基酸减少量分别为0.0636mol/L、0.0655mol/L，风味蛋白酶较胃蛋白酶、复合蛋白酶相比，游离氨基酸减少量间具有显著性差异（$P<0.05$），与碱性蛋白酶相比具有极显著性差异（$P<0.01$）。通过乙醇的量可知，经不同蛋白酶催化得到的类蛋白反应产物与酿酒酵母RV002共同培养发酵后，测得的乙醇含量间具有显著性差异（$P<0.05$），其中经风味蛋白酶催化得到的类蛋白反应产物与酿酒酵母的共同发酵液的乙醇含量最高，为6.95%（体积分数），与经胃蛋白酶和中性蛋白酶催化得到的类蛋白反应产物相比具有极显著性差异（$P<0.01$）。综合两个指标，风味蛋白酶可更好地促进类蛋白反应且得到的产物可显著促进酿酒酵母

RV002的产乙醇能力，提高了酿酒酵母的发酵性能。因此，风味蛋白酶为类蛋白反应的最适蛋白酶。

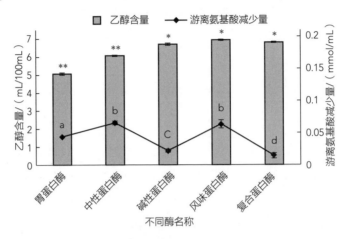

图2-14　不同蛋白酶对游离氨基酸减少量及乙醇含量的影响

注：不同小写字母表示有显著性差异（$P<0.05$），*表示有显著性差异（$P<0.05$）。
大写字母表示与小写字母相比具有极显著性差异（$P<0.01$），**表示有极显著性差异（$P<0.01$）。

底物浓度对类蛋白反应的影响见图2-15。如图2-15所示，随着底物浓度的增大，两个指标均呈现先上升后下降的趋势，当底物浓度为40%时，游离氨基酸减少量以及乙醇含量均为最大值，分别为0.0926mmol/mL、5.59%（体积分数），且较其他底物浓度相比，具有极显著性差异（$P<0.01$）。表明，当底物浓度为40%（质量分数）时，更有利于类蛋白反应的进行，得到的产物与酿酒酵母共同培养发酵后，产酒精效能极显著增强，该产物可有效提高酿酒酵母的性能。因此，40%（质量分数）为最适底物浓度。

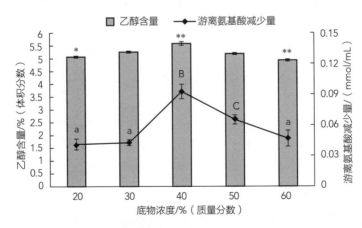

图2-15　底物浓度对游离氨基酸减少量及乙醇含量的影响

注：不同小写字母表示有显著性差异（$P<0.05$），*表示有显著性差异（$P<0.05$）。
大写字母与小写字母相比具有极显著性差异（$P<0.01$），**表示有极显著性差异（$P<0.01$）。

加酶量对类蛋白反应的影响如图2-16所示。随着加酶量逐渐增加，游离氨基酸减少量与乙醇含量均先增加后减少，当加酶量为2%（质量分数）时，二者均达到最高值，分别为0.1220mmol/mL、5.90%（体积分数）。由游离氨基酸减少量可看出，当加酶量为2%（质量分数）时，较其他加酶量相比，具有极显著性差异（$P<0.01$），2%（质量分数）的加酶量更有利于类蛋白反应的进行；由乙醇含量可知，当加酶量为2%（质量分数）时，得到的产物与酿酒酵母共同培养的发酵液的乙醇含量显著高于加酶量为2.5%（质量分数）时得到的产物（$P<0.05$），极显著高于加酶量为0.5%、1.0%、1.5%（质量分数）时得到的产物（$P<0.01$），表明，当加酶量为2%（质量分数）时，经类蛋白反应修饰的大鲵活性肽（P-ADAP）对酿酒酵母有较好的促进作用，可提高酿酒酵母发酵性能，提高乙醇含量。综合以上两个指标的分析，类蛋白反应的最适加酶量为2%（质量分数）。

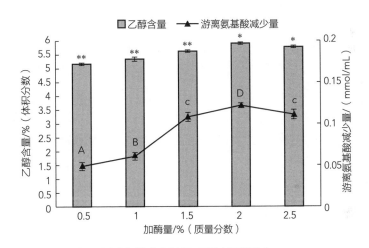

图2-16　加酶量对游离氨基酸减少量及乙醇含量的影响

注：不同小写字母表示有显著性差异（$P<0.05$），*表示有显著性差异（$P<0.05$）。
　　大写字母与小写字母相比具有极显著性差异（$P<0.01$），**表示有极显著性差异（$P<0.01$）。

酶解时间对类蛋白反应影响见图2-17。反应前3h，游离氨基酸减少量呈现快速增大的趋势，3h后游离氨基酸减少量增长趋势大幅度减小，从第4小时开始曲线趋于平缓；乙醇含量随时间的增长呈现先增大后减小的变化趋势，3h时，乙醇含量最高，6.22%（体积分数），极显著高于其他时间（$P<0.01$），游离氨基酸减少量为0.0808mmol/mL，显著高于反应5h的体系（$P<0.05$），相对于其他反应时间具有极显著性差异（$P<0.01$）。3h时，游离氨基酸减少量并非最大值，但结合乙醇含量分析，反应时间为3h时是类蛋白反应的最适反应时间。因此，3h时，P-ADAP可以更好地促进酿酒酵母产酒精能力。

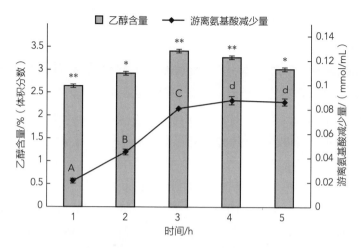

图2-17　时间对游离氨基酸减少量及乙醇含量的影响

注：不同小写字母表示有显著性差异（$P<0.05$），*表示有显著性差异（$P<0.05$）。
大写字母与小写字母相比具有极显著性差异（$P<0.01$），**表示有极显著性差异（$P<0.01$）。

　　温度对类蛋白反应影响如图2-18所示。55℃时，游离氨基酸减少量以及乙醇含量较其他温度相比均具有极显著性差异（$P<0.01$），随温度的升高，游离氨基酸减少量先增大后减小，P-ADAP对乙醇含量的影响趋势为先升高后降低，游离氨基酸减少量与乙醇含量达到最高，分别为0.1556mmol/mL、6.54%（体积分数），说明风味蛋白酶在55℃时的活性最高，较其他温度下得到的类蛋白反应修饰产物对酿酒酵母的影响差异极显著（$P>0.01$）。因此，类蛋白反应的最适温度为55℃。

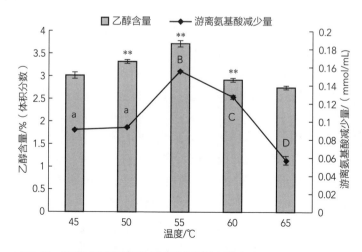

图2-18　温度对游离氨基酸减少量及乙醇含量的影响

注：不同小写字母表示有显著性差异（$P<0.05$），*表示有显著性差异（$P<0.05$）。
大写字母与小写字母相比具有极显著性差异（$P<0.01$），**表示有极显著性差异（$P<0.01$）。

pH对类蛋白反应如图2-19所示。pH 6.8时，游离氨基酸减少量和乙醇含量均达到最大值，为0.1669mmol/mL、6.16%（体积分数），均先升高后降低，游离氨基酸减少量极显著高于其他pH（$P<0.01$），P-ADAP与酿酒酵母的发酵液测得的乙醇含量同样较其他修饰产物具有极显著性差异（$P<0.01$）。综合以上两个指标的分析，pH 6.8时，在促进类蛋白反应进行的同时，其修饰产物也在极大程度上提高了酿酒酵母的发酵性能，使发酵液的乙醇含量提高。因此，类蛋白反应的最适pH为6.8。

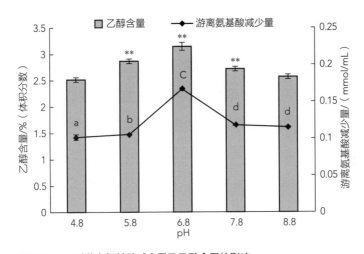

图2-19 pH对游离氨基酸减少量及乙醇含量的影响

依据Box-Behnken实验的设计理论，在单因素的基础上，选取酶解时间（A）、底物浓度（B）以及加酶量（C）为自变量，以游离氨基酸减少量和乙醇含量为响应值，进行三因素三水平响应面优化实验，实验设计和结果见表2-6。

表2-6 Box-Behnken实验设计与结果

实验号	因素			响应值	
	时间（A）	底物浓度（B）	加酶量（C）	游离氨基酸减少量（Y_1）	乙醇含量（Y_2）/%（体积分数）
1	-1	0	-1	0.0246	5.0254
2	0	1	-1	0.0317	5.5864
3	0	1	1	0.0360	5.8435
4	1	1	0	0.0311	5.4695

续表

实验号	因素			响应值	
	时间 （A）	底物浓度 （B）	加酶量 （C）	游离氨基酸 减少量（Y_1）	乙醇含量（Y_2）/% （体积分数）
5	1	0	-1	0.0313	5.5163
6	-1	0	1	0.0279	5.0488
7	-1	1	0	0.0293	5.3059
8	0	-1	-1	0.0289	5.1189
9	0	0	0	0.0551	6.4980
10	0	0	0	0.0544	6.4512
11	0	0	0	0.0558	6.4746
12	0	0	0	0.0548	6.4512
13	0	0	0	0.0543	6.4980
14	1	0	1	0.0315	5.2825
15	1	-1	0	0.0284	4.7683
16	-1	-1	0	0.0223	4.3008
17	0	-1	1	0.0293	4.6514

通过Design-Expert 8.0.6软件对表2-6中的数据进行二次线性回归拟合分析，得到响应面回归方程如下：

Y_1（游离氨基酸减少量）$=0.55+0.00229A+0.002396B+0.001027C-0.001086AB-0.0007554AC+0.0009679BC-0.015A^2-0.012B^2-0.011C^2$（$R_1^2=0.9990$）

Y_2（乙醇含量）$=6.47+0.17A+0.42B-0.053C-0.076AB-0.064AC+0.18BC-0.80A^2-0.72B^2-0.46C^2$（$R_2^2=0.9996$）

式中，A、B、C分别为酶解时间、底物浓度、加酶量的编码值。

方差分析结果见表2-7及表2-8。当决定系数R^2越接近1以及矫正拟合度R_{adj}^2越大，表明响应曲面的拟合精确度越高，R_{adj}^2、R_{pred}^2表示影响工艺过程的因素，二者值越高且差值小于0.2时，可认为除给定的影响因素外无其他影响因素，当精密度（adeq precision）>4时，表明模型合理，变异系数（CV）反应的是模型的置信度，其值越低则置信度越高，表模型方程能够较好地反映真实值[47, 48]。由表2-7及表2-8可知，两个回归方程均极显著（$P<0.0001$），游离氨基酸减少量的失拟项$P=0.5546>0.05$，乙醇含量的失拟项$P=0.5413>0.05$，表明均不显著，两个模型的R^2分别为$R_1^2=0.9990$，$R_2^2=0.9996$，接近于1，说明通过二次回归得到的游离氨基酸减少量及乙醇含量的模型与实验拟合程度好，实测值与预测值之间相关性较高，酶解时间、液料比以及加酶量等自变量有99.90%的可能性影响响应值Y_1（游离氨基酸减少量），响应值Y_2（乙醇含量）中99.96%的实验结果的可变性可以用该模型进行解释，表明实验误差小，以充分反映各因素与响应值之间的关系，R_{1adj}^2、R_{1pred}^2的差值与R_{2adj}^2、R_{2pred}^2的差值分别为0.0012、0.0006远小于0.2，表明除给定的影响因素外无其他因素影响两个响应值，两个模型的变异系数分别为$CV_1=1.58\%$、$CV_2=0.41\%$，均较小，表明两个模型均可较好地反映真实值。因此，这两个回归方程可以用于实验结果的分析。

相关系数的显著性与P值呈负相关，自变量对响应值的影响与F值呈正相关。由表2-7可知，AC、BC对响应值Y_1（游离氨基酸减少量）具有显著影响（$P<0.05$），A、B、C、AB、A^2、B^2、C^2对响应值Y_1（游离氨基酸减少量）的影响极显著（$P<0.01$）；根据表2-8可知，A、B、C、AB、AC、BC、A^2、B^2、C^2对响应值Y_2（乙醇含量）具有极显著性影响（$P<0.01$）因此，各因素对响应值属于非线性影响。3个因素对响应值Y_1（游离氨基酸减少量）以及响应值Y_2（乙醇含量）的影响排序均为：$B>A>C$；各因素交互作用对响应值Y_1（游离氨基酸减少量）的影响为$AB>BC>AC$，对响应值Y_2（乙醇含量）的影响为$BC>AB>AC$。

表2-7 以游离氨基酸减少量为响应值的响应曲面回归模型及方差分析

来源	总方差	自由度	均方	F值	P值	显著性
A	4.195×10^{-5}	1	4.195×10^{-5}	123.92	<0.0001	**
B	4.593×10^{-5}	1	4.593×10^{-5}	135.68	<0.0001	**
C	8.436×10^{-6}	1	8.436×10^{-6}	24.92	0.0016	**
AB	4.717×10^{-6}	1	4.717×10^{-6}	13.93	0.0073	**
AC	2.283×10^{-6}	1	2.283×10^{-6}	6.74	0.0356	*
BC	3.747×10^{-6}	1	3.747×10^{-6}	11.07	0.0126	*
A^2	9.328×10^{-4}	1	9.328×10^{-4}	2755.57	<0.0001	**
B^2	6.284×10^{-4}	1	6.284×10^{-4}	1856.36	<0.0001	**
C^2	5.261×10^{-4}	1	5.261×10^{-4}	1554.11	<0.0001	**
模型	2.435×10^{-3}	9	2.705×10^{-4}	799.16	<0.0001	**
残差	2.370×10^{-6}	7	3.385×10^{-7}			

续表

来源	总方差	自由度	均方	F值	P值	显著性
失拟项	8.894×10^{-7}	3	2.965×10^{-7}	0.80	0.5546	
纯误差	1.480×10^{-6}	4	3.700×10^{-7}			
总离差	2.437×10^{-3}	16				
$R_1^2=0.9990$　$R_{1adj}^2=0.9978$　$R_{1pred}^2=0.9932$　$CV_1=1.58\%$　精密度=73.667						

注：*差异显著（$P<0.05$）；**差异极显著（$P<0.01$）。

表2-8 以乙醇含量为响应值的响应曲面回归模型及方差分析

来源	总方差	自由度	均方	F值	P值	显著性
A	0.23	1	0.23	452.85	<0.0001	**
B	1.42	1	1.42	2791.38	<0.0001	**
C	0.022	1	0.022	43.62	0.0003	**
AB	0.023	1	0.023	45.50	0.0003	**
AC	0.017	1	0.017	32.58	0.0007	**
BC	0.13	1	0.13	258.73	<0.0001	**
A^2	2.68	1	2.68	5280.39	<0.0001	**
B^2	2.16	1	2.16	4252.78	<0.0001	**
C^2	0.89	1	0.89	1746.39	<0.0001	**
模型	8.19	9	0.91	1793.80	<0.0001	**
残差	3.551×10^{-3}	7	5.073×10^{-4}			
失拟项	1.366×10^{-3}	3	4.553×10^{-4}	0.83	0.5413	
纯误差	2.185×10^{-3}	4	5.464×10^{-4}			
总离差	8.19	16				
$R_2^2=0.9996$　$R_{2adj}^2=0.9990$　$R_{2pred}^2=0.9969$　$CV_2=0.41\%$　精密度=126.173						

注：*差异显著（$P<0.05$）；**差异极显著（$P<0.01$）。

　　根据回归拟合分析结果，将任何一个变量固定在0水平，做其余两变量的相互作用的响应曲面图以及等高线图。图2-20所示为各变量交互作用对响应值Y_1（游离氨基酸减少量）的响应曲面图和等高线图，图2-21所示为各变量交互作用对响应值Y_2（乙醇含量）的响应曲面图和等高线图。

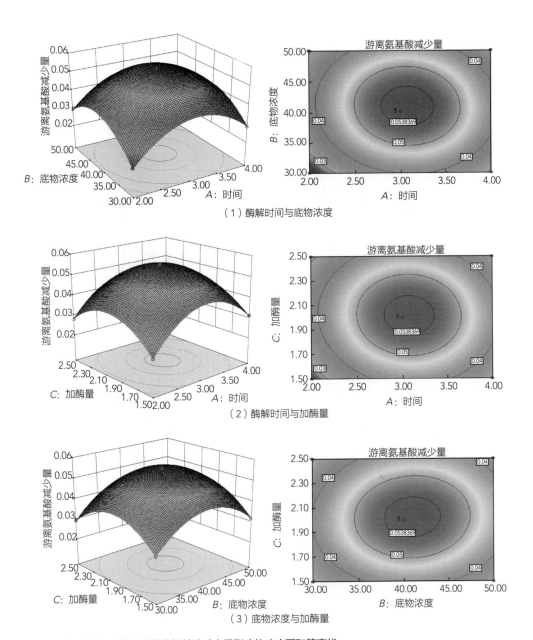

图2-20 各变量交互作用对游离氨基酸减少量影响的响应面和等高线

如图2-20、图2-21所示，各变量及其交互作用对响应值的影响以及在所处范围内存在极值。如图2-20所示，三个变量对游离氨基酸减少量均有一定的影响，对比图2-20（1）和图2-20（2），响应值底物浓度B的影响比C大，对比图2-20（1）和图2-20（3），C对游离氨基酸减少量的影响小于A，对比图2-20（2）和图2-20（3），B对游离氨基酸减少量的影响大于A，因此，对响应值Y_1（游离氨基酸减少量）影响排序：$B>A>C$；由图2-20中等高线图可知，AB对游离氨基酸减少量的影响最为显著，其次为BC，对响应值影响最不显著的是AC，与方差分析结果一致。

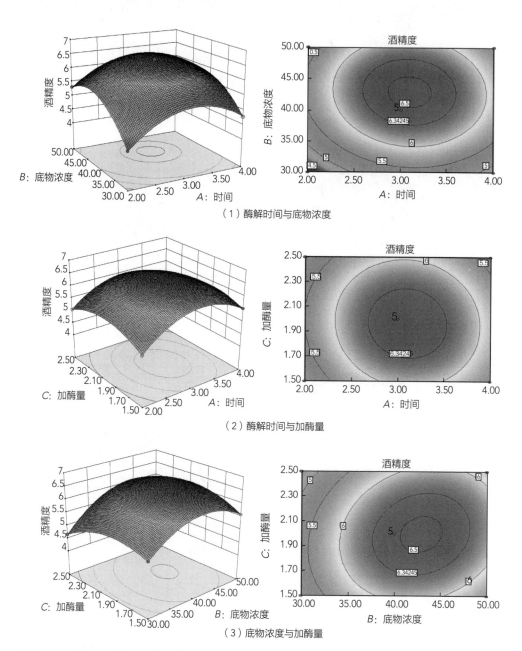

图2-21　各变量交互作用对乙醇含量影响的响应面和等高线

　　两两对比图2-21中的响应曲面图，各变量对乙醇含量（酒精度）的影响程度由强到弱依次为*B*、*A*、*C*；对比图2-21中的三幅等高线图，分析可知各变量间的交互作用对乙醇含量的影响强弱依次为：*BC*>*AB*>*AC*，与方差分析结果一致。

响应面验证实验

　　如图2-22所示，类蛋白反应最优组的乙醇含量为6.37%（体积分数），较最优组6.11%（体积分数）具有极显著性差异（*P*<0.01），说明经过类蛋白反应修饰，可以促进酿酒酵母的产酒精能力。

　　通过Design-Expert 8.0.6软件分析得到最佳工艺条件为酶解时间3.07h、底物浓度40.97%、加酶量2.02%（质量分数）、温度55℃、pH 6.8。在此条件下，理论游离氨基酸减少量：0.0551mmol/mL，乙醇含量：6.51%（体积分数），实测游离氨基酸减少量：0.0537mmol/mL，与预测值的相对误差为2.54%，无显著性差异（*P*>0.05）；实测乙醇含量为6.37%（体积分数），与预测值较接近，相对误差为2.21%，无显著性差异（*P*>0.05）。

　　实验表明通过该双响应面优化模型能够较好的促进类蛋白反应的进行，得到的P-ADAP可提高酿酒酵母发酵性能，增强其产乙醇效能，具有一定的实际应用价值。

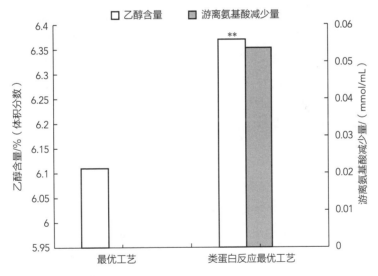

图2-22　Plastein反应验证实验结果

注：**表示有极显著性差异（*P*<0.01）。

　　ADAP和P-ADAP的傅里叶红外光谱图如图2-23所示。3285cm⁻¹左右的吸收峰是由N—H以及O—H伸缩振动引起的，经类蛋白反应修饰后，吸收峰由3289cm⁻¹蓝移至3278cm⁻¹，强度减弱。咪唑官能团的特征峰从3068cm⁻¹蓝移至3062cm⁻¹，表明类蛋白反应在一定程度上修改了ADAP的构象。2933cm⁻¹的吸收峰是因为C—H伸缩振动，经类蛋白反应修饰后的ADAP在该处的峰消失。由C═O伸缩振动引起的酰胺Ⅰ峰从1659cm⁻¹蓝移至1652cm⁻¹且强度增加，表明P-ADAP的α-螺旋增加。1395cm⁻¹附近的吸收峰可能由氨基酸COO对称伸缩振动引发。1280cm⁻¹以及1204cm⁻¹出现的吸收峰，由C—N伸缩振动引起，两处的吸收峰经类蛋白反应修饰后均发生蓝移。

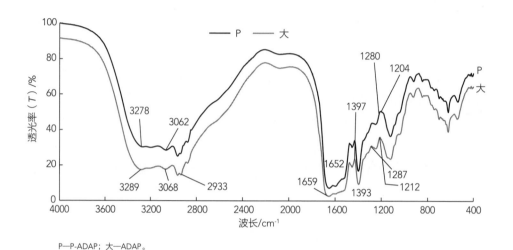

P—P-ADAP；大—ADAP。

图2-23　两种ADAP的傅里叶红外光谱图

第五节　氨基酸组成分析

对获得的两种ADAP进行氨基酸分析，结果见表2-9。两种ADAP均含有16种氨基酸组分，分别为Asp、Thr、Ser、Glu、Pro、Gly、Ala、Val、Met、Leu、Ile、Tyr、Phe、His、Lys、Arg。ADAP和P-ADAP中Glu含量最高，分别为9.07%、9.12%，其次为Asp分别为6.94%、6.99%，再次为Lys分别为5.94%、5.97%，Leu的含量也相对较高，分别为5.53%、5.57%，与刘绍等[25]的研究相符，Glu和Asp是天然氨基酸中鲜味最强的物质，Lys和Leu也是构成鲜味不可或缺的氨基酸[29]。

每100g的P-ADAP中含有氨基酸、支链氨基酸、必需氨基酸、疏水性氨基酸、呈味氨基酸以及药用氨基酸总量分别为63.39、12.16、25.95、29.01、34.10、42.85g，较ADAP分别增加0.41%、0.66%、0.62%、0.59%、0.57%、0.59%，差异性不大。ADAP和P-ADAP中药用氨基酸总量占氨基酸总量的比例均最大，分别为67.48%、67.60%，其次是呈味氨基酸，分别为53.71%、53.79%。ADAP和P-ADAP中必需氨基酸与非必需氨基酸比值分别为0.691、0.693，均高于0.6，并且必需氨基酸占氨基酸总量分别为40.85%、40.94%，表明两种ADAP为质量较好的蛋白质且具有良好的营养性。药用氨基酸含量高，表明ADAP具有一定的保健作用，Glu是机体内氮代谢的基本氨基酸之一，可恢复创伤机体、治疗消化道溃疡；Arg能改善心脑血管疾病、提高机体免疫力、促进伤口愈合；Asp具有增强肝功能、缓解疲劳，预防心脏病、高血压的作用，这3种氨基酸在两种ADAP中含量均不低[50]；疏水作用是类蛋白反应发生的主要原因，疏水性氨基酸的增多，表明疏水性氨基酸发生了聚合反应形成了疏水性多肽[51]；支链氨基酸与机体健康成正比，可提高机体免疫力，维持葡萄糖稳态，维持神经系统正常，促进伤口愈合等[52-54]。类蛋白反应可以增加氨基酸的含量，但无法提高F值。

表2-9 两种ADAP氨基酸组成及含量　　　　　　　　　　　单位：%（质量分数）

组分名称	ADAP	P-ADAP
谷氨酸*☆	~9.07	~9.12
天门冬氨酸*☆	~6.94	~6.99
赖氨酸*★	~5.94	~5.97
亮氨酸●★△	~5.53	~5.57
甘氨酸●★☆	~4.48	~4.50
丙氨酸●☆	~4.32	~4.34
精氨酸★	~4.08	~4.10
缬氨酸●△	~3.28	~3.30
异亮氨酸●△	~3.27	~3.29
苏氨酸*	~3.13	~3.15
苯丙氨酸●★☆	~2.91	~2.93
丝氨酸☆	~2.87	~2.88
组氨酸	~2.16	~2.18
酪氨酸○●★☆	~1.92	~1.93
蛋氨酸●★	~1.73	~1.74
脯氨酸●☆	~1.40	~1.41
支链氨基酸总量	~12.08	~12.16

续表

组分名称	ADAP	P-ADAP
必需氨基酸总量	~25.79	~25.95
疏水性氨基酸总量	~28.84	~29.01
呈味氨基酸总量	~33.91	~34.10
药用氨基酸总量	~42.60	~42.85
氨基酸总量	~63.13	~63.39
必需氨基酸/非必需	0.691	0.693
*F*值	2.5	2.5

注：*：必需氨基酸；○：半必需氨基酸；●：疏水性氨基酸；★：药用氨基酸；☆：呈味氨基酸；△：支链氨基酸。

参考文献

[1] Karami Z, Akbari-adergani B. Bioactive food derived peptides: A review on correlation between structure of bioactive peptides and their functional properties [J]. Journal of Food Science and Technology, 2019, 56（2）: 535-547.

[2] 李福荣，赵爽，张秋，等. 食源性生物活性肽的功能及其在食品中的应用 [J]. 食品研究与开发，2020，41（20）: 210-217.

[3] 常雷，陈宁宁，岑欣桉，等. 两栖动物皮肤生物活性肽研究进展 [J]. 经济动物学报，2018，22（3）: 150-154+159.

[4] 官玉红，李仁立. 缓激肽与心血管疾病 [J]. 心血管病学进展，2005（S1）: 39-42.

[5] 刘莹莹，陈春燕，李宗杰. 云南小狭口蛙促胰岛素释放肽的分离纯化与结构鉴定 [J]. 药物生物技术，2011，18（2）: 111-114.

[6] 赵瑞利. 牛蛙（*Rana catesbeiana*）皮肤活性肽的分子克隆及其生物学活性研究 [D]. 长春: 吉林大学，2009.

[7] Baroni A, Perfetto B, Canozo N, et al. Bombesin: A possible role in wound repair [J]. Peptides, 2008, 29（7）: 1157-1166.

[8] 徐跃，岳继萍，杨仙玉. 无尾两栖类抗肿瘤肽的研究进展 [J]. 中国药科大学学报，2014，45（5）: 587-592.

[9] Liao P, Lan X, Liao D, et al. Isolation and characterization of angiotensin i-converting enzyme（ace）inhibitory peptides from the enzymatic hydrolysate of carapax trionycis（the shell of the turtle pelodiscus sinensis）[J]. Journal of Agricultural and Food Chemistry, 2018, 66（27）: 7015-7022.

[10] 李晓杰，李富强，朱丽萍，等. 生物活性肽的制备与鉴定进展 [J]. 齐鲁工业大学学报，2021，35（1）：23-28.

[11] Hou Y, Wu Z, Dai Z, et al. Protein hydrolysates in animal nutrition：Industrial production，bioactive peptides，and functional significance [J]. Journal of Animal Science and Biotechnology，2017，8（1）：24.

[12] 曲朋，宋利，赵好冬，等. 多肽合成研究进展 [J]. 中国现代中药，2015，17（3）：285-289+295.

[13] 高彩霞. 一种发色多肽底物的化学合成及其评价 [D]. 武汉：华中科技大学，2019.

[14] 蓝欢. 酰肼连接法合成具有镇痛效果的曼巴蛇毒肽 [D]. 北京：清华大学，2016.

[15] 陆春兰，陈璇，张丰，等. 糙耳孔蜈蚣毒素多肽stx-osp1的基因工程制备 [J]. 生物技术世界，2015（11）：22-24.

[16] 黎观红，乐国伟，施用晖. 动物蛋白质营养中小肽的吸收及其生理作用 [J]. 生物学通报，2004，39（1）：20-22.

[17] Vincenzini MT, Iantomasi T, Favilli F. Glutathione transport across intestinal brush-border membranes：Effects of ions，pH，$\Delta\psi$，and inhibitors [J]. Biochimica et Biophysica Acta（BBA）-Biomembranes，1989，987（1）：29-37.

[18] Kittiphattanabawon P, Benjakul S, Visessanguan W, et al. Gelatin hydrolysate from blacktip shark skin prepared using papaya latex enzyme：Antioxidant activity and its potential in model systems [J]. Food Chemistry，2012，135（3）：1118-1126.

[19] 宋宏霞. 紫贻贝（*Mytilus edulis*）抗菌肽的研究 [D]. 青岛：中国海洋大学，2007.

[20] 周国海，陈飞龙，陈咏春，等. 抗菌肽f1粗提物稳定性及其对荔枝保鲜研究 [J]. 食品工业科技，2016，37（20）：306-311.

[21] 王凤萍，陈璇，宋风霞，等. 苦荞活性肽对罗非鱼片的保鲜效果 [J]. 食品与发酵工业，2016，42（11）：133-137.

[22] 王文月，徐鑫，徐同成，等. 我国特殊医学用途配方食品产业现状与政策建议 [J]. 食品工业科技，2019，40（5）：329-332.

[23] 王立新，郑尧，艾闽，等. 中国大鲵肌肉、尾脂营养成分分析与评价 [J]. 西北农林科技大学学报（自然科学版），2011，39（2）：67-74.

[24] 罗庆华. 中国大鲵营养成分研究进展及食品开发探讨 [J]. 食品科学，2010，31（19）：390-393.

[25] 刘绍，孙麟，阳爱生，等. 饲养中国大鲵氨基酸组成分析 [J]. 氨基酸和生物资源，2007，29（4）：53-55.

[26] 马小燕，陈易彬，李彦军. 酶法水解大鲵蛋白的工艺研究 [J]. 中国酿造，2009（11）：92-95.

[27] 付静，陈德经，曹米娜. 大鲵多肽制备工艺的研究 [J]. 食品科技，2012，37（2）：66-68+72.

[28] 刘欣，曲朝霞，黄石溪，等. 饲养大鲵蛋白水解工艺研究 [J]. 食品科技，2012，37（2）：85-88.

[29] 王文莉，张伟，于新莹，等. 大鲵肉酶解产物的制备及其抗氧化性的研究 [J]. 河北渔

业，2012（9）：1-4.

[30] 李伟，佟长青. 大鲵活性肽及用途 [P]. ZL201610314751.X. 2019-04-16.

[31] 何凤梅. 大鲵活性肽制备及其对葡萄酒香气影响的研究 [D]. 大连：大连海洋大学，2020.

[32] 胡旭阳，李维，孔祥东，等. 响应面法优化日本黄姑鱼鱼肉免疫活性肽的提取工艺 [J]. 食品工业科技，2019，40（17）：173-178.

[33] 刘唤明，洪鹏志，周春霞，等. 响应面优化罗非鱼下脚料发酵制备蛋白肽的工艺 [J]. 食品工业科技，2018，39（14）：126-130.

[34] 王明艳，张小杰，王涛，等. 响应面法优化香椿叶多糖的提取条件 [J]. 食品科学，2010，31（4）：106-110.

[35] 李佳妮，白宝清，金晓第，等. 酶解超声波协同提取藜麦多糖及体外活性评价 [J]. 食品研究与开发，2019，40（8）：57-64.

[36] 李乐，马瑶，李亭亭，等. 低温低压法提取桑黄菌丝体活性多糖 [J]. 食品研究与开发，2016，37（8）：49-53.

[37] 邢东旭，杨琼，廖森泰，等. 采用响应面法优化白僵蚕草酸铵的提取工艺 [J]. 蚕业科学，2009，35（4）：902-906.

[38] 于欢，李露，王思爽，等. 响应面法优化酶法提取蜜环菌多肽及其抗疲劳活性 [J]. 食品工业科技，2017，38（23）：85-91.

[39] 彭玲，赵云，布尼洪泽，等. 响应面法优化绿茶雪梨果味茶饮料工艺 [J]. 食品研究与开发，2017，38（8）：70-75.

[40] Ding R, Lin D K J, Wei D. Dual-response surface optimization: A weighted mse approach [J]. Quality Engineering, 2004, 16（3）: 377-385.

[41] Oberoi D P S, Sogi D S. Utilization of watermelon pulp for lycopene extraction by response surface methodology [J]. Food Chemistry, 2017, 232: 316-321.

[42] Mohammadi R, Mohammadifar M A, Mortazavian A M, et al. Extraction optimization of pepsin-soluble collagen from eggshell membrane by response surface methodology（RSM）[J]. Food Chemistry, 2016, 190: 186-193.

[43] Santos D M d, Bukzem A d L, Campana-Filho S P. Response surface methodology applied to the study of the microwave-assisted synthesis of quaternized chitosan [J]. Carbohydrate Polymers, 2016, 138: 317-326.

[44] 昝立峰，杨香瑜，张策，等. 响应面优化涉县无核黑枣果酒发酵工艺 [J]. 食品研究与开发，2019，40（8）：139-144.

[45] Doucet D, Gauthier S F, Otter D E, et al. Enzyme-induced gelation of extensively hydrolyzed whey proteins by alcalase: Comparison with the plastein reaction and characterization of interactions [J]. Journal of Agricultural and Food Chemistry, 2003, 51: 6036-6042.

[46] 韩青，周丽杰，李智博，等. 酶法制备联合plastein反应修饰牡蛎ace抑制肽工艺优化 [J]. 食品科学，2017，38（6）：104-110.

[47] 邵明旺，王建，乔晓林，等. 基于响应面中心复合设计的固体推进剂摩擦感度理论 [J].

含能材料，2019，27（6）：509-515.

[48] 卢可，娄永江，周湘池. 响应面优化杨梅果醋发酵工艺参数研究 [J]. 中国调味品，2011，36（2）：57-60.

[49] 武彦文，欧阳杰. 氨基酸和肽在食品中的呈味作用 [J]. 中国调味品，2001（1）：19-22.

[50] 刘文静，潘葳，吴建鸿. 5种百香果品系间氨基酸组成比较及评价分析 [J]. 食品工业科技，2019，40（24）：237-241.

[51] 刘振春，冯建国，刘春萌，等. 合成类蛋白工艺优化及产物氨基酸分析 [J]. 食品科学，2013，34（12）：76-81.

[52] 迟玉杰. 高值寡肽及其生理功能 [J]. 农产品加工（学刊），2005（Z2）：95-98.

[53] Adeva-Andany M M，López-Maside L，Donapetry-García C，et al. Enzymes involved in branched-chain amino acid metabolism in humans [J]. Amino Acids，2017，49（6）：1005-1028.

[54] Lynch C J，Adams S H. Branched-chain amino acids in metabolic signalling and insulin resistance [J]. Nature Reviews Endocrinology，2014，10（12）：723-736.

第三章

大鲵活性肽抗氧化作用

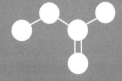

<h1>第一节　概述</h1>

自由基（free radicals）是含有不成对电子的离子、原子、原子团或分子[1]。人体细胞在代谢过程中自由基的产生和清除处于动态平衡，在人体的生理过程中，自由基起着重要作用。人体内自由基可以分为内源自由基和外源自由基。内源自由基是在有氧呼吸电子传递、细胞信号传导、基因调控、细胞增殖与凋亡、生长发育及抵抗细菌、病毒等过程中产生的[1]。机体内发生炎症反应、心脑血管疾病、糖尿病、白内障、哮喘、过量运动、长时间处在富氧或缺氧的环境中、过量运动、不健康饮食习惯、心理因素都会导致内源自由基的产生[2]。外源自由基主要来自于环境污染和药物使用[3]。人体内的自由基包括半醌类自由基、氧自由基以及碳、氮、硫中心自由基，占95%以上的人体内自由基为氧自由基。含有氧自由基等性质活泼的含氧化合物又称为活性氧（reactive oxygen species，ROS）[4]。人体内的自由基处于一个平衡状态，维持人体正常的新陈代谢作用。当人体内自由基产生过多或者清除过少都会导致人体内自由基失去平衡。人体内多余的自由基会攻击自身的细胞膜，造成人体内的脂质、蛋白质、核酸、酶等生物大分子的氧化损伤，从而影响人体的新陈代谢，造成疾病的发生。Harman认为突变、肿瘤和衰老都是由自由基反应引起的[5]。

当人体内产生多余的自由基时，人体内的抗氧化化合物就会将其进行清除，以减轻对人体的危害。人体内的抗氧化物主要分为酶类和非酶类抗氧化物。此外，人体也可以通过饮食摄入天然抗氧化物质来清除人体内多余的自由基，包括黄酮类、多酚类以及肽类抗氧化物。抗氧化活性肽是近年来研究较多的一类抗氧化物。来自于食物中的抗氧化活性肽具有安全、易吸收、稳定性好、无免疫原性的优点，同时抗氧化活性肽往往还具有其他的生物活性，如降血压及抗肿瘤的作用[6, 7]。

抗氧化活性肽的抗氧化活性与其氨基酸序列、疏水性、分子质量密切相关。抗氧化肽在体内起清除自由基的作用，减轻机体的氧化损伤。研究表明，抗氧化肽中的酪氨酸、组氨酸、色氨酸、甘氨酸、亮氨酸、脯氨酸、丙氨酸、甲硫氨酸、半胱氨酸、赖氨酸、天冬氨酸、谷氨酸等氨基酸残基对抗氧化活性起重要作用[8]。大多数抗氧化肽的相对分子质量为50000~1800000[9]。较小的分子质量、特定的氨基酸残基、特定的C端、供氢体的作用以及螯合金属离子等对肽的抗氧化作用起着重要作用。

目前，抗氧化肽活性的检测方法主要有化学法测定还原力、羟基自由基清除能力测定、超氧阴离子自由基清除能力测定、2，2-二苯基-1-苦肼基自由基（2，2-diphenyl-

1-picrylhydrazyl，DPPH·）清除能力测定、2，2'-联氮-双-（3-乙基苯并噻唑啉-6-磺酸）二铵盐［2，2'-azino-bis（3-ethylbenzthiazoline-6-sulphonic acid）diammonium salt，ABTS⁺·］自由基清除能力测定、脂质过氧化体系、细胞抗氧化活性评价方法等[10]。生物体系具有复杂的抗氧化机制，因此每一种抗氧化肽活性检测方法都有一定的局限性。通过蛋白质组学、代谢组学和转录组学的研究，可以进一步揭示出抗氧化肽的作用机制。

第二节　大鲵活性肽抗氧化作用研究

王文莉等利用 *Aspergillus* sp.酸性蛋白酶酶解大鲵肉获得了大鲵抗氧化活性肽，所获得的大鲵肽核质比（*m/z*）小于2000[11]。将所获得的大鲵肽配成溶液，测定其清除羟基自由基（·OH）能力，结果见图3-1。随着大鲵活性肽浓度的增加，·OH的清除率增加，清除率达到86%左右趋势处于平缓增加状态，一直增加到89%左右，清除率不再增大。结果表明，通过 *Aspergillus* sp.酸性蛋白酶酶解大鲵肉获得的大鲵肽具有清除·OH的作用。

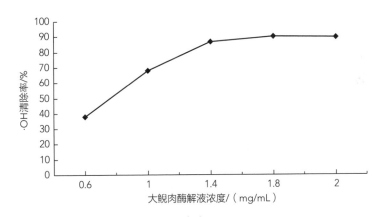

图3-1　大鲵酶解产物清除·OH作用[11]

大鲵活性肽清除DPPH·能力的测定结果见图3-2。如图3-2所示，随着大鲵活性肽浓度的增加，DPPH·的活性清除率增加，达到80%左右趋势处于平缓增加状态，大鲵活性肽的浓度达到1.2mg/mL，DPPH·清除率达到最大。

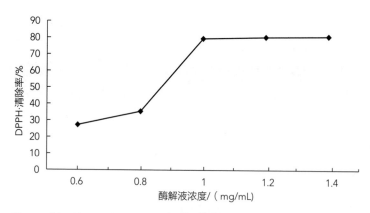

图3-2　大鲵酶解产物清除DPPH·的作用[11]

　　将大鲵肉用海洋碱性蛋白酶和木瓜蛋白酶酶解，离心获得的酶解产物上清液通过截留相对分子质量小于4000的用物理吸附法制备的胰蛋白酶固定超滤膜，再利用Sephadex LH-20分子筛层析、HPLC分离出大鲵肽[12]。对获得的大鲵活性肽的清除DPPH·能力进行测定，结果如图3-3所示。结果表明，大鲵活性肽清除DPPH·的能力随着大鲵肽浓度的增加而增加。因此，大鲵活性肽具有较好的清除DPPH·的能力[12]。

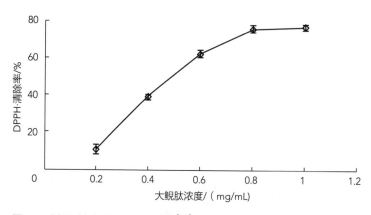

图3-3　大鲵活性肽对DPPH·清除率[12]

　　大鲵活性肽清除ABTS⁺·的能力结果如图3-4所示，大鲵活性肽清除ABTS⁺·的能力随着大鲵活性肽浓度的增加而增加。这表明，大鲵活性肽具有较好的清除ABTS⁺·的能力[12]。

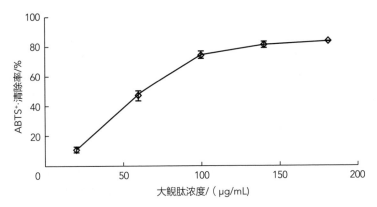

图3-4　大鲵活性肽对ABTS$^+$·清除率[12]

参考文献

[1] 汪启兵，许凡萍，魏超贤，等. 人体内自由基的研究进展[J]. 中华流行病学杂志，2016，37（8）：1175-1182.

[2] Cooper C E，Vollaard N B J，Choueiri T，et al. Exercise，free radicals and oxidative stress[J]. Biochemical Society Transactions，2002，30（2）：280-285.

[3] Phaniendra A，Jestadi D B，Periyasamy L. Free radicals：Properties，sources，targets，and their implication in various diseases[J]. Indian Journal of Clinical Biochemistry，2015，30（1）：11-26.

[4] Buettner G R. Moving free radical and redox biology ahead in the next decade（s）[J]. Free Radical Biology and Medicine，2015，78：236-238.

[5] Harman D. Mutation，cancer，and ageing[J]. The Lancet，1961，277（7170）：200-201.

[6] Zeng W-C，Sun Q，Zhang W-H，et al. Antioxidant activity in vivo and biological safety evaluation of a novel antioxidant peptide from bovine hair hydrolysates[J]. Process Biochemistry，2017，56：193-198.

[7] Li M，Fan W，Xu Y. Identification of angiotensin converting enzyme（ACE）inhibitory and antioxidant peptides derived from Pixian broad bean paste[J]. LWT，2021，151：112221.

[8] Alemán A，Giménez B，Pérez-Santin E，et al. Contribution of Leu and Hyp residues to antioxidant and ace-inhibitory activities of peptide sequences isolated from squid gelatin hydrolysate[J]. Food Chemistry，2011，125（2）：334-341.

[9] 张强，李伟华. 抗氧化肽的研究现状[J]. 食品与发酵工业，2021，47（2）：298-304.

[10] 张丰文，董超，周丽亚，等. 抗氧化多肽来源、提取及检测的研究进展［J］. 生物技术，2021，31（1）：96-103+64.

[11] 王文莉，张伟，于新莹，等. 大鲵肉酶解产物的制备及其抗氧化性的研究［J］. 河北渔业，2012（9）：1-4.

[12] 李伟，佟长青. 大鲵活性肽及用途［P］. ZL201610314751.X. 2019-04-16.

第四章

大鲵活性肽抗衰老作用

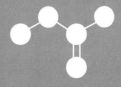

第一节　概述

　　衰老是机体经生长发育成熟后在遗传、环境与生活方式的共同作用下，各个组织器官与生理功能逐步进行退行性下降的一个必然过程[1]。近年来，关于衰老方面的研究从分子、细胞与组织器官方面展开并取得了一定的进展，有关衰老的自由基学说、细胞凋亡学说、端粒DNA缩短学说、衰老基因学说与DNA损伤学说等用来进一步解释衰老现象。

　　自由基衰老学说指生物体中产生的活性氧自由基和细胞之间的反应引发了一系列和衰老相关的变化；细胞凋亡学说指机体为了能够维持自身内环境的稳态和细胞分裂与死亡之间的平衡，从而进行的各项生命活动中清除受损细胞的正常生理过程，该过程也是机体中的一种自保措施；端粒DNA缩短学说指端粒缩短被认为是细胞衰老的关键因素。衰老基因学指研究学者们认为DNA上有控制着衰老的基因，各种生命的寿命与各自的基因相关；DNA损伤理论认为，DNA损伤与突变的积累导致衰老相关的功能性衰退[2]。但衰老是一个复杂的生理过程，对于其直接机制仍不明确。目前，大多数研究从抗氧化方面展示抗衰老机制。

　　目前，研究较多的具有抗衰老活性的物质主要有多酚、黄酮、多糖与维生素等。酚类化合物，是一类羟基取代氢原子在芳香烃中苯环上的位置所生成的化合物并广泛存在于植物体中，研究证实酚类化合物对于心血管具有有效的保护作用，而衰老又是心血管疾病最主要的诱因，所以酚类物质对抗衰老有一定的作用。白藜芦醇是被研究较多的一种抗衰老的酚类物质，王芳等通过研究白藜芦醇抗衰老活性及其作用机制，发现白藜芦醇可以通过上调daf-16、sod-3与hsp-16.2基因的表达实现对实验模型的寿命延长，从而证实白藜芦醇的抗衰老作用[3]。经过大量研究证实酚类物质主要是以抗氧化为基础进行的抗衰老作用。

　　黄酮类化合物，指通过C3连接两个苯环而成的一系列化合物，且广泛存在于植物当中。姜黄素是一类较稀缺的二酮类化合物，Liao等研究发现姜黄素具有直接的抗衰老作用。近年来对于黄酮类化合物的抗衰老作用大都以其抗氧化作用为基础，引发机体内相关物质作用，从而直接或间接引起抗衰老作用，但目前具体作用机制尚不明确，可能为多个途径共同作用[4]。

　　活性多糖在近年来抗衰老方向的研究已成为热点，多糖广泛存在于动植物当中，多糖的抗衰老机制主要为两方面，首先活性多糖作为一种免疫调节剂能够激活相应的免疫活性物质，并增强机体免疫力从而达到间接抗衰老作用，另外，活性多糖可以间接清除自由基活性。陈亮稳等通过研究发现，蜜环菌菌素多糖可以提高氧化应激能力从而延缓衰老[5]。

核酸，是一类由许多核苷酸聚合而成的生物大分子化合物。通过研究发现，免疫核糖核酸能够提高机体的免疫能力，以此达到抗衰老的作用。杨文秀等研究发现，核酸为抗衰老的重要物质之一[6]。

维生素，是一类维持和调节肌体正常生理功能且必须从食物中获取的微量有机物质。大量研究证实维生素具有一定的抗氧化活性，从而达到抗衰老活性。

氨基酸，是构成生物体蛋白质的基本物质，并与生命体活动有关。研究证实，氨基酸具有抗衰老作用[7]。生物活性肽目前也成为抗衰老研究的热门，也因此生物活性肽被广泛应用于化妆品中。邬燕红等将复合生物活性肽加入化妆品并用于皮肤，再对皮肤进行水分测试、水分流失测试、皮肤弹性测试和皮肤黑色素与血红素测试，经检测发现复合生物活性肽可以延缓皮肤衰老现象[8]；白耀辉等将生物活性多肽加入面部乳液中，并对其进行感官测试、理化性质测定与抗衰老测定，研究发现该乳液具有更好的抗衰老作用[9]。

第二节　动物实验

衰老模型组小鼠连续6周每天皮下组织注射50g/L的D-半乳糖0.5mL后，小鼠毛色变暗，行动迟缓，体重仅增加12.83g，正常小鼠体重增14.02g，增加量明显低于对照组（图4-1）。长时间注射D-半乳糖后小鼠表现出明显的衰老体征，这表明建模成功。灌胃低、中、高浓度大鲵活性肽水溶液各组小鼠体重明显高于模型组，表明大鲵活性肽具有促进衰老小鼠生长代谢作用。

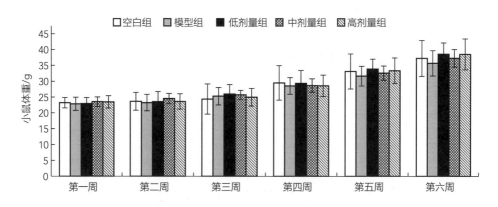

图4-1　大鲵活性肽对小鼠体重的影响

各组无特定病原体（specific pathogen free，SPF）级雄性昆明小鼠灌胃对应大鲵活性肽溶液6周后，小鼠脏器指数变化见表4-1。在脏器指数中，各灌胃大鲵活性肽组的脑指数、胸腺指数与正常组相比不显著（$P>0.05$），但中剂量组的脾指数显著高于模型组和对照组（$P<0.05$），各灌胃大鲵活性肽组的肝指数均低于模型组。灌胃大鲵肽后，小鼠的脾脏指数增加，表明大鲵肽在一定程度上可以增强小鼠机体免疫功能。

表4-1 大鲵活性肽对小鼠脏器指数的影响   单位：mg/10g

分组	脑指数	肝脏指数	胸腺指数	脾指数
对照组	98.8 ± 26.4	393.5 ± 39.9	20.5 ± 12.2	25.2 ± 8.3
模型组	99.4 ± 24.0	462.3 ± 15.8*	21.9 ± 9.6	31.9 ± 8.8
低剂量组	91.1 ± 16.0	399.9 ± 55.2##	24.4 ± 7.5	30.9 ± 4.5
中剂量组	94.1 ± 15.5	454.4 ± 25.6*	22.2 ± 4.3	32.9 ± 8.0*
高剂量组	87.9 ± 17.2	415.2 ± 30.6##	23.4 ± 14.0	28.6 ± 6.5

注：*表示与对照组相比，差异显著（$P<0.05$）；**表示与对照组相比，差异极显著（$P<0.01$）；
#表示与模型组相比，差异显著（$P<0.05$）；##表示与模型组相比，差异极显著（$P<0.01$）。

第三节 生化指标检测

对小鼠血清中MDA含量、SOD活力和总抗氧化能力（total antioxidant capacity，T-AOC）进行测定，结果见表4-2。如表4-2所示，与模型组相比，灌胃大鲵活性肽中、高剂量组小鼠血清中MDA含量极显著降低（$P<0.01$），并且SOD活力和T-AOC显著升高（$P<0.05$）。注射D-半乳糖致小鼠衰老后，小鼠血清中MDA含量极显著上升，SOD活力和T-AOC极显著降低（$P<0.01$），而再灌胃大鲵活性肽后，显著改善小鼠这些生化指标，因此，大鲵活性肽具有抗D-半乳糖致小鼠衰老作用。

表4-2 大鲵活性肽对小鼠生化指标的影响

分组	MDA/（nmol/mL）	SOD活力/（U/mL）	T-AOC/（mmol/L）
对照组	10.58 ± 1.88	157.26 ± 16.15	0.58 ± 0.04

续表

分组	MDA/（nmol/mL）	SOD活力/（U/mL）	T-AOC/（mmol/L）
模型组	16.70±2.60**	119.88±17.49**	0.48±0.05**
低剂量组	14.86±2.10**	131.35±13.99**	0.50±0.05**
中剂量组	11.90±2.60##	141.16±16.93*##	0.54±0.05*#
高剂量组	12.08±2.27##	138.51±15.59*#	0.54±0.04*#

第四节 ▶ 非标记定量蛋白质组方法分析

SDS-PAGE［图4-2（1）］结果表明，未经去除血清高丰度亲和色谱柱处理的治疗组小鼠血清蛋白（ADB-T2-3原）中60ku附近蛋白质含量过高而影响低丰度蛋白分析，而去除高丰度血清蛋白后模型组（ADB-M-1、ADB-M-2、ADB-M-3）和大鲵活性肽治疗组（ADB-T2-1、ADB-T2-2、ADB-T2-3）电泳条带清晰，平行性好，可进行质谱分析。质谱分析Basepeak结果［图4-2（2）和图4-2（3）］表明，组间样本平行性好，酶解效果良好，可进行非标记定量质谱测定。

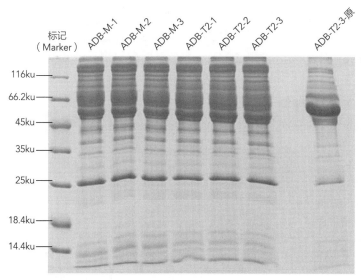

（1）小鼠血清蛋白SDS-PAGE

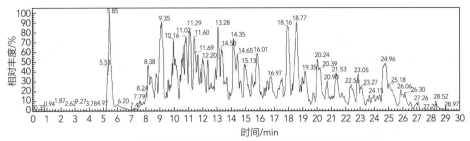

（2）去除高丰度蛋白的模型组ADB-M小鼠血清蛋白质谱图

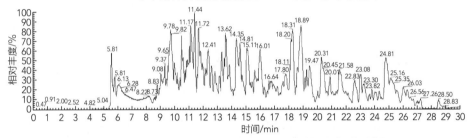

（3）去除高丰度蛋白的给药综合组ADB-T小鼠血清蛋白质谱图

图4-2　小鼠血清样本平行性

　　空白组与治疗组共鉴定到蛋白质425个，其中差异表达蛋白质26个，通过大鲵活性肽治疗后，差异表达蛋白质表达上调13个（表4-3），下调13个（表4-4）。其中四氢叶酸合成酶（存取编号Q922D8）和肌肉中糖原磷酸化酶显著增加，黄嘌呤脱氢酶（氧化酶）（存取编号Q00519）显著减少。四氢叶酸作为生物体中的一碳单位转移酶的辅酶，在氨基酸代谢和核酸代谢中起重要作用。糖原磷酸化酶催化糖原转变为1-磷酸葡萄糖，补充体液中葡萄糖。黄嘌呤脱氢酶在核酸代谢过程中起重要作用，可催化黄嘌呤转变为尿酸。

表4-3　上调的差异表达蛋白质

存取编号	蛋白质	相对分子质量（×10³）	中剂量组表达量/模型组表达量	t检验P值	p/	参与代谢途径
P07628	激肽释放酶1相关肽酶b8	28.531	4.49	1.43×10^{-4}	8.28	
Q9JM71	激肽释放酶1相关肽酶b27	28.742	4.18	2.75×10^{-5}	8.86	内分泌和其他因素调节的钙再吸收；肾素-血管紧张素系统
Q61759	激肽释放酶1相关肽酶b21	28.69	2.93	1.80×10^{-4}	7.05	

续表

存取编号	蛋白质	相对分子质量（×10³）	中剂量组表达量/模型组表达量	t检验P值	pI	参与代谢途径
P15946	激肽释放酶1相关肽酶b11	28.727	2.70	2.15×10^{-5}	6.69	内分泌和其他因素调节的钙再吸收；肾素-血管紧张素系统
P00756	激肽释放酶1相关肽酶b3	28.998	2.54	1.00×10^{-4}	6.37	
P15948	激肽释放酶1相关肽酶b22	28.384	2.52	5.15×10^{-5}	6.2	
P15949	激肽释放酶1相关肽酶b9	28.9	2.45	1.54×10^{-4}	7.56	
P36369	激肽释放酶1相关肽酶b26	28.463	2.12	2.06×10^{-4}	6.41	
P04071	激肽释放酶1相关肽酶b16	28.722	2.18	2.54×10^{-6}	5.4	
P00796	肾素-2	44.282	3.41	3.49×10^{-5}	6.01	肾素-血管紧张素系统/肾素分泌
P28666	鼠球蛋白-2	162.38	2.12	8.12×10^{-7}	6.29	
Q922D8	胞质四氢叶酸合成酶	101.2	2.78	1.24×10^{-3}	6.7	叶酸—碳库
Q9WUB3	肌糖原磷酸化酶	97.285	2.05	3.37×10^{-5}	6.65	胰岛素信号通路/淀粉和蔗糖代谢/坏死性凋亡；胰岛素抵抗/胰高血糖素信号通路

表4-4 下调的差异表达蛋白质

存取编号	蛋白质	相对分子质量（×10³）	中剂量组表达量/模型组表达量	t检验P值	pI	参与代谢途径
P32261	抗凝血酶Ⅲ	52.003	0.49	1.16×10^{-4}	6.1	补体和凝血级联反应
Q00519	黄嘌呤脱氢酶/氧化酶	146.56	0.49	3.26×10^{-2}	7.62	过氧化物酶体/药物代谢-其他酶/嘌呤代谢/咖啡因代谢

续表

存取编号	蛋白质	相对分子质量（×10³）	中剂量组表达量/模型组表达量	t检验P值	pI	参与代谢途径
Q61805	脂多糖结合蛋白	53.055	0.48	1.46×10^{-3}	8.64	NF-κB信号通路/结核/Toll样受体信号通路/沙门菌感染
P35441	血小板反应蛋白-1	129.65	0.48	4.09×10^{-6}	4.72	
P13634	碳酸酐酶1	28.33	0.48	9.12×10^{-3}	6.44	氮代谢
P68373	微管蛋白α-1 C链	49.909	0.44	5.26×10^{-4}	4.96	吞噬体/紧密连接/缝隙连接/凋亡
P11499	热休克蛋白hsp90-β	83.28	0.42	4.46×10^{-2}	4.96	Th17细胞分化/坏死下垂/雌激素信号通路/内质网蛋白质处理/PI3K-Akt信号通路/抗原处理和提呈/IL-17信号通路/NOD样受体信号通路/癌症/孕酮介导的卵母细胞成熟/前列腺癌/流体剪切应力和动脉粥样硬化的途径
P07743	BPI折叠包含家族A成员2	24.753	0.33	9.06×10^{-5}	4.87	
Q71KU9	纤维蛋白原样蛋白1	36.439	0.28	4.40×10^{-4}	5.48	
P31725	蛋白质S100-A9	13.049	0.27	4.49×10^{-3}	6.65	IL-17信号通路
P05366	血清淀粉样蛋白A-1	13.77	0.07	2.30×10^{-5}	6.5	
P05367	血清淀粉样蛋白A-2	13.622	0.02	8.21×10^{-5}	6.4	
P02089	血红蛋白β-2亚基	15.878	0.00	9.12×10^{-6}	7.85	非洲锥虫病/疟疾

以治疗组对模型组表达倍数与t检验P值作图，显示两组间蛋白质表达差异显著性的火山图如图4-3所示。从图4-3中可以看出，13个表达上调的蛋白质中，最大表达倍数为4倍多（$\log_2 4.49$），而表达下调的13个蛋白质中有3个表达下调量极大，分别为0.067、0.021、

0.004倍。

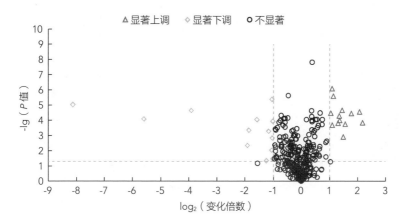

图4-3　蛋白质表达差异显著性的火山图

对26个差异表达蛋白质进行聚类分析，结果如图4-4所示。这些差异表达蛋白质主要分为两类，即表达量上调和下调。在大鲵活性肽治疗组的上调表达的蛋白质中，胞质四氢叶酸合成酶在各组中的差异较大，在下调表达的蛋白质中，热休克蛋白HSP 90-β亚基、黄嘌呤脱氢酶和碳酸酐酶在各组中表达量差异较大。

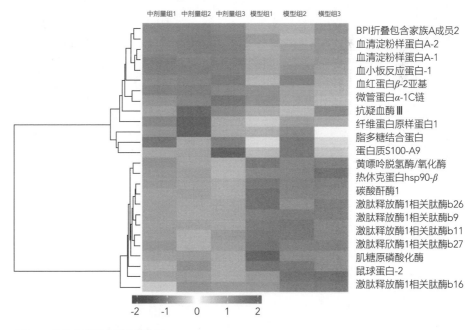

图4-4　差异表达蛋白质聚类结果

通过Blast2Go软件对鉴定到的425种蛋白质进行基因本体（gene ontology，GO）功能注释，两水平注释结果如图4-5所示。从图4-5中可以看出，小鼠低丰度蛋白参与了14个生理过程、具有6种分子功能、存在于7种细胞组分中。在这些生理过程中，代谢过程（metabolic process）、细胞过程（cellular process）、多细胞组织过程（multicellular organismal process）、刺激应答（response to stimulus）、生理调节（biological regulation）等过程都有10个以上差异表达蛋白质；这些差异表达蛋白质中，有15个具有催化活性（catalytic activity）、15个具有结合作用（binding）、6个分子功能调节（molecular function regulator）；其中胞外区（extracellular region）有21个、细胞（cell）中有13个、高分子复合物（macromolecular complex）有14个、细胞器（organelle）中有10个、胞外区部分（extracellular region part）有18个。

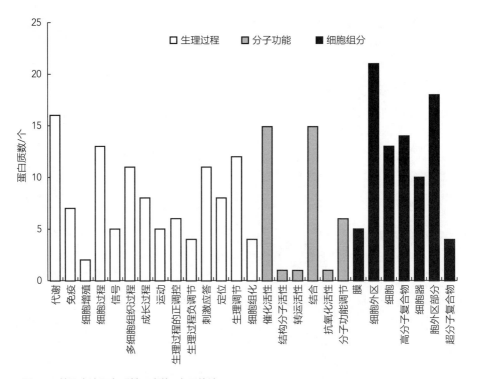

图4-5　差异表达蛋白质基因本体2水平统计

对参与的生理过程、具有的分子功能和所处的细胞组分对小鼠血清低丰度表达蛋白质进行分类，再通过Fisher精确检验方法对小鼠血清低丰度表达的26个差异表达蛋白质进行GO功能富集分析，结果如图4-6和表4-5所示。结果表明，在小鼠血清低丰度表达蛋白质中，与ADB-M组相比，ADB-T组有5、3、2、2种显著表达的蛋白质分别参与了细胞趋化性、凋亡过程中半胱氨酸型肽链内切酶活性、转化生长因子β受体信号通路正向调节、嘌呤碱基代谢过程等4个生物过程，其富集度分别为0.227、0.333、0.667、0.667；而具有对C—N键（非肽键）作用的水解酶活性、丝氨酸水解酶活性、趋化活性等3个生物功能的蛋白质分别有10、9、2种表达显著；存在于微管和胞浆组分中的差异表达蛋白质各有3个，其富集度分别为0.6和0.375。

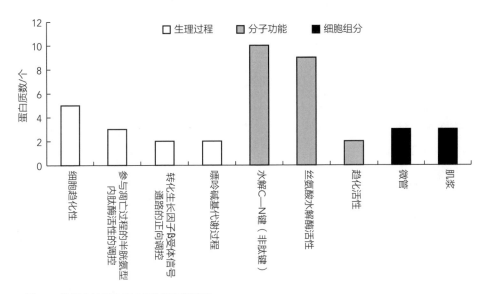

图4-6　差异表达蛋白质GO功能富集结果

表4-5　GO功能富集度

GO功能分类	细胞趋化性	参与凋亡过程的半胱氨酸型内肽酶活性的调控	转化生长因子β受体信号通路的正向调控	嘌呤碱基代谢过程	水解C—N键（非肽键）	丝氨酸水解酶活性	趋化活性	微管	肌浆
富集度	0.227	0.333	0.667	0.667	0.476	0.2	0.5	0.6	0.375

　　生物体内蛋白质在行使其功能时，受多方面因素调节，包括与其他蛋白质之间的协调作用。这些相互作用构成代谢通路。通过观察大鲵活性肽治疗前后蛋白质在代谢通路（KEGG）中表达的变化，可以在蛋白质层面获得大鲵活性肽对治疗小鼠衰老的机制。如图4-7所示，通过Fisher精确检验方法对差异表达蛋白质进行KEGG通路富集分析，结果表明，内分泌调节的及其他因素调节的钙再吸收（endocrine and other factor-regulated calcium reabsorption），肾素-血管紧张素系统（renin-angiotensin system），白介素（IL）-17信号通路（IL-17 signaling pathway）和坏死性凋亡（necroptosis）等重要通路发生了显著变化。

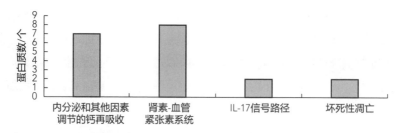

图4-7   KEGG通路富集结果

衰老是多细胞生命体生长发育成熟后在遗传、环境与生活方式等多种因素共同作用下引起生理机能逐步退行性下降的过程，小鼠衰老时表观学上为毛色灰暗，体重增长缓慢，精神萎靡等[10]。已有文献表明，机体衰老与体内自由基的量有关[11, 12]，抗衰老活性物质一般具有清除自由基活性。具有抗衰老活性的生物活性物质可令代谢紊乱小鼠代谢趋向正常化，其体内相关抗氧化酶和还原性物质含量得到改善，如抗氧化蛋白[13]、超氧化物歧化酶[14]等，也可以降低衰老小鼠MDA含量。

通过对小鼠连续6周注射D-半乳糖后，模型组与灌胃大鲵活性肽组相比，小鼠血清低丰度蛋白表达差异的有26个，包括四氢叶酸合成酶、糖原磷酸化酶和黄嘌呤脱氢酶等蛋白质。四氢叶酸合成酶是叶酸代谢途径中的关键酶，在一碳单位转移过程起作用，主要参与核酸代谢、蛋白质与核酸的甲基化与修复反应[15]，为生物进行正常生长代谢、细胞损伤修复提供了必要的物质基础。衰老小鼠接受大鲵活性肽后，胞质四氢叶酸合成酶表达量上调，有利于D-半乳糖至衰老小鼠恢复正常。糖原磷酸化酶是糖原分解为1-磷酸葡萄糖的限速酶，其量的增加或降低影响生物的供能、高分子化合物合成代谢重要中间化合物来源[16]。衰老小鼠经大鲵活性肽的调理后，糖原磷酸化酶表达量上升，有利于衰老小鼠恢复血糖浓度，进入正常生长状态。黄嘌呤脱氢酶参与嘌呤代谢，催化产生高氧化能力的过氧化物，使得机体易受氧化损伤[17-19]。灌胃大鲵活性肽后，衰老小鼠黄嘌呤脱氢酶表达量降低，在一定程度上可以减少过氧化物的含量，使得衰老小鼠脏器免受过氧化物的攻击。因此，对D-半乳糖致衰小鼠灌胃大鲵生物活性肽，可以改善小鼠体内T-AOC、SOD和MDA，并使多个代谢关键酶的表达量增加或减少，改善小鼠衰老状态，因此研究中所用大鲵生物活性肽具有抗衰老活性。

采用D-半乳糖致衰对小鼠进行衰老建模，将大鲵活性肽灌胃小鼠，利用非标记定量蛋白质组方法对去除高丰度蛋白后的灌胃大鲵活性肽小鼠血清进行蛋白质组生物信息学分析。分析结果发现，大鲵活性肽可以使衰老小鼠体重和脾指数恢复增加，并引起SOD和T-AOC升高，降低肝指数和MDA含量，增强机体免疫，改善衰老小鼠紊乱的生化指标；去除高丰度蛋白后的血清中共检测到425种蛋白质，其中26种蛋白质表达量变化显著（P<0.05）。这些差异表达的低丰度蛋白参与14个生理过程、具有6种分子功能、存在于7种细胞组分中。其中胞质四氢叶酸合成酶和肌糖原磷酸化酶显著增加（P<0.05），分别增加了1.78倍和1.05倍，黄嘌呤脱氢酶显著减少（P<0.05）了一半，这些酶表达量的增加或降低，可以减少体内自由基的量。这些数据表明，大鲵活性肽抗衰老的机制是减少机体内自由基而发挥作用。

第五节　利用UPLC-Q-TOF-MS方法对尿液的分析

尿液样品经超高效液相色谱仪与四极杆飞行时间串联质谱仪（UPLC-Q-TOF-MS）分析后得到的典型总离子流（TIC）图谱，如图4-8所示，（1）为治疗组小鼠尿液正离子模式TIC图谱，（2）为模型组小鼠尿液正离子模式TIC图谱。

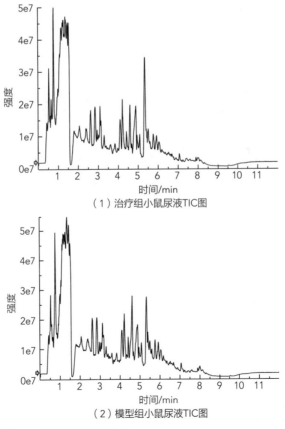

（1）治疗组小鼠尿液TIC图

（2）模型组小鼠尿液TIC图

图4-8　正离子模式TIC图谱

第六节　偏最小二乘判别分析与正交偏最小二乘判别分析

表4-6与表4-7为偏最小二乘判别分析（PLS-DA）模型与正交偏最小二乘判别分析（OPLS-DA）的评价参数，图4-9与图4-10为偏最小二乘判别分析和正交偏最小二乘判别分析的得分图与置换检验图。如表4-6与表4-7所示，正离子模式PLS-DA模型的R^2_X为0.427而Q^2为0.504，OPLS-DA的R^2_X为0.427而Q^2为0.531，R^2_Y和Q^2越接近1表明模型越稳定可靠，而一般Q^2大于0.5模型稳定可靠，$0.3 < Q^2 \leqslant 0.5$模型稳定性较好，$Q^2 < 0.3$模型可靠性较低，由此可看出本模型稳定可靠，所以本实验重复性与稳定性良好，可进一步分析。

表4-6 PLS-DA模型的评价参数

样品分组	正离子模式			
	A	R^2_X（cum）	R^2_Y（cum）	Q^2（cum）
cure-model	2	0.427	0.794	0.504

注：A：表示主成分数；R^2_X：表示模型对X变量的解释率；R^2_Y：表示模型对Y变量的解释率；Q^2：表示模型预测能力。

表4-7 OPLS-DA模型的评价参数

样品分组	正离子模式				
	A	R^2_X（cum）	R^2_Y（cum）	Q^2（cum）	R^2截距	Q^2截距
cure-model	1+1	0.427	0.794	0.531	0.737	-0.35

注：A：表示主成分数；R^2_X：表示模型对X变量的解释率；R^2_Y：表示模型对Y变量的解释率；Q^2：表示模型预测能力；R^2截距和Q^2截距：表示R^2和Q^2回归直线与Y轴的截距。

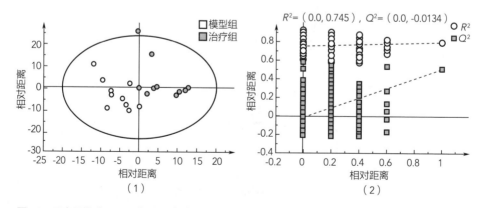

图4-9　正离子模式PLS-DA得分图（1）与PLS-DA置换检验图（2）

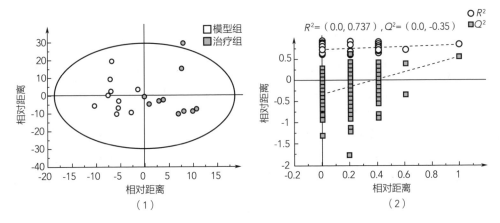

图4-10　正离子模式OPLS-DA得分图（1）与OPLS-DA置换检验图（2）

第七节　显著性差异代谢物

　　根据OPLS-DA模型得到的变量权重值（variable importance for the projection，VIP）来衡量各代谢物的表达模式对各组样品分类判别的影响强度和解释能力，筛选出具有生物学意义的差异代谢物。选择同时具有多维统计分析VIP>1和单变量统计分析 $P<0.05$ 的代谢物，作为具有显著性差异的代谢物。表4-8与表4-9所示下调的显著性差异代谢物与上调的显著性差异代谢物，共有27个上调的显著性差异代谢物与8个下调的显著性差异代谢物。水苏糖与棉籽糖显著增多，尿酸、肌酸、肌酸酐与L-丙氨酸显著减少。

表4-8　下调的显著性差异代谢物

代谢物	VIP	FC	P值	代谢通路
尿酸	4.655	0.548	0.044	组氨酸代谢
DL-3-吲哚乳酸	1.164	0.308	0.046	
1-甲基烟酰胺	10.753	0.609	0.005	烟酸盐和烟酰胺代谢
L-丙氨酸	3.090	0.695	0.003	丙氨酸、天冬氨酸和谷氨酸代谢/半胱氨酸和蛋氨酸代谢/牛磺酸和亚牛磺酸代谢/硒复合代谢/氨酰转运核糖核酸（tRNA）生物合成/ABC转运器/硫黄中继系统/蛋白质消化和吸收/矿物质吸收/癌症中的中枢碳代谢

续表

代谢物	VIP	FC	P值	代谢通路
肌酸	13.096	0.718	0.01	甘氨酸、丝氨酸和苏氨酸代谢/精氨酸和脯氨酸代谢
肌酸酐	1.288	0.743	0.011	精氨酸和脯氨酸代谢
D-鸟氨酸	4.013	0.604	0.013	精氨酸和鸟氨酸代谢
L-赖氨酸	2.878	0.752	0.018	赖氨酸降解/生物素代谢/氨酰tRNA生物合成/ABC转运器/蛋白质消化与吸收

表4-9 上调的显著性差异代谢物

代谢物	VIP	FC	P值	代谢通路
1-茚酮	1.007	2.995	0.003	
戊二醛	1.275	1.646	0.003	
N-乙酰基-L-组氨酸	2.944	2.386	0.003	
缬氨酸-天冬氨酸	1.036	2.866	0.005	
4-吡哆酸	2.713	1.467	0.005	维生素B_6代谢
烟碱	11.115	1.482	0.009	烟酸盐和烟酰胺代谢/维生素消化与吸收
N-乙酰基-L-谷氨酸	1.311	4.569	0.014	精氨酸生物合成
胍基乙酸	1.854	1.320	0.015	甘氨酸、丝氨酸和苏氨酸代谢/精氨酸和脯氨酸代谢
异戊酰甘氨酸	1.159	1.636	0.017	
D-甘露醇	1.291	1.874	0.017	果糖和甘露糖代谢/ABC转运器
N-乙酰谷氨酰胺	1.634	4.846	0.018	
麦芽三糖	1.354	1.880	0.019	ABC转运器/碳水化合物的消化与吸收
L-胱氨酸	1.018	1.726	0.02	半胱氨酸和蛋氨酸代谢/ABC转运器/蛋白质的消化与吸收
苯基丙酰甘氨酸	3.748	2.700	0.02	
水苏糖	3.377	1.721	0.023	半乳糖代谢
5-甲基胞嘧啶	1.811	1.925	0.024	嘧啶代谢
棉籽糖	2.553	2.220	0.027	半乳糖代谢/ABC转运器

续表

代谢物	VIP	FC	P值	代谢通路
（3-羧丙基）三甲铵阳离子	3.252	1.356	0.03	
阿卓乳酸	6.015	1.737	0.03	
犬尿喹啉酸	2.066	1.410	0.037	色氨酸代谢
黄尿酸	1.224	1.322	0.04	色氨酸代谢
乙酰肉碱	1.407	2.876	0.041	胰岛素抵抗
甲基去甲肾上腺素	6.615	1.831	0.044	
吲哚-3-羧基	1.240	1.392	0.044	
烟酰胺N-氧化物	11.598	1.417	0.048	
马尿酸	7.634	1.921	0.049	苯丙氨酸代谢
4-己烯-1醇	1.196	1.436	0.009	

　　为研究差异性代谢物所参与的代谢途径，以KEGG[20]通路为单位，通过Fisher精确检验（Fisher's exact test），从而分析计算各个通路代谢物富集度的显著性水平，从而确定受到显著影响的代谢和信号转导途径，如图4-11所示，以腺嘌呤核苷三磷酸结合区转运器（ABC transporters），半乳糖代谢（galactose metabolism），蛋白质消化与吸收（protein digestion and absorption），甘氨酸、丝氨酸与苏氨酸代谢（glycine，serine and threonine metabolism）和氨酰tRNA生物合成（aminoacyl-tRNA biosynthesis）为主等20个重要通路发生了显著的变化。

　　肌酸是一种含氮有机酸，辅助为肌肉与神经细胞提供能量，是机体中能量储存和利用的重要化合物[21]，肌酸的含量与肌酸激酶的活性有关，肌酸激酶的活性下降与脑萎缩和学习记忆下降相关[22]。肌酸酐是肌酸和磷酸肌酸的代谢产物，主要的代谢过程是肌酸在非酶促反应条件下生成了肌酸酐，肌酸酐可作为早期检测阿尔茨海默病的潜在标志物之一，阿尔茨海默病又称"老年痴呆"，主要表现为认知功能障碍与记忆丧失，目前对于该病的具体发病机制并不完善，但主要的发病群体是65岁以上的老年人，因此可明确阿尔茨海默病的出现也能够代表机体的衰老程度，所以肌酸酐能够侧面反映机体的衰老程度[23]。肌酸与肌酸酐可能通过调节精氨酸与脯氨酸途径与能量代谢途径从而改善机体衰老程度。

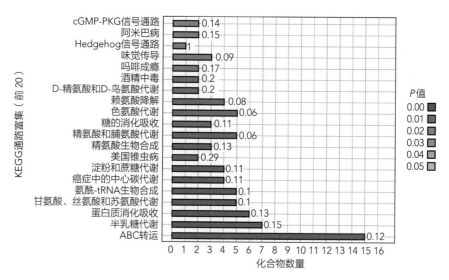

图4-11　正离子模式KEGG通路富集分析结果

丙氨酸是机体中非必需氨基酸，是肝损伤的敏感指标之一[21]，丙氨酸的降低表明，大鲵活性肽通过对氨基酸的水平调节从而延缓机体因衰老造成的肝损伤。丙氨酸所参与的代谢通路中还包含牛磺酸与亚牛磺酸的代谢，在牛磺酸与亚牛磺酸代谢通路中牛磺酸与丙酮酸在牛磺酸丙酮酸转氨酶的催化下生成L-丙氨酸与2-磺基乙醛。经研究发现，D-半乳糖会导致衰老大鼠牛磺酸代谢紊乱，牛磺酸代谢通路与衰老具有显著相关[22, 24]。

棉籽糖是一种由半乳糖、葡萄糖与果糖结合而成的三糖，具有增强免疫力的功能；水苏糖是一种由半乳糖、葡萄糖与果糖结合而成的四糖，能够促进机体消化道内有益菌的生成，并产生大量生理活性物质，从而促进分解产生多重免疫因子的生成，并抑制内源性致癌物质的生成与吸收。棉籽糖与水苏糖所参与的代谢通路都为半乳糖代谢，在D-半乳糖致衰小鼠体中，由于注射D-半乳糖导致小鼠体内半乳糖增多，但由于大鲵活性肽的介入，调节半乳糖代谢，使其转化生成棉籽糖与水苏糖。因此，大鲵活性肽可能通过影响半乳糖代谢及代谢的相关通路，从而影响机体的衰老机制。

尿酸，是动物体内嘌呤代谢中的最终产物，由黄嘌呤脱氢酶参与催化嘌呤而生成。黄嘌呤脱氢酶在催化嘌呤生成尿酸的同时也会生成过氧化物，加速机体衰老，因此尿酸的降低表明机体中产生的过氧化物减少，从而可以延缓机体衰老[17-19]。

本实验利用代谢组学方法对去除蛋白质后的灌胃大鲵活性肽小鼠尿液进行代谢组生物信息学分析。分析结果表明，去除蛋白质小鼠尿液中检测到27个上调的显著性差异代谢物，8个下调的显著性差异代谢物，参与了20个代谢通路。其中，肌酸与肌苷酸降低调节精氨酸与脯氨酸代谢途径与能量代谢途径，丙氨酸降低调节了氨基酸水平，尿酸的降低印证蛋白质组中由于黄嘌呤脱氢酶降低从而减少体内自由基的含量，水苏糖与棉籽糖的增加调节半乳糖代谢途径。这些数据表明，大鲵活性肽通过影响机体代谢途径从而延缓衰老。

在本实验中有部分代谢途径的影响机制仍不确定，也为进一步研究提供思路与方向。

参考文献

[1] 李素云，王立芹，郑稼琳，等. 自由基与衰老的研究进展［J］. 中国老年学杂志，2007，27（20）：2046-2048.

[2] 王力，肖嵋方，刘斌，等. 海洋生物活性物质抗衰老作用研究进展［J］. 食品工业科技，2021，42（22）：433-441.

[3] 王芳，田仕夫，邬树伟，等. 白藜芦醇对线虫寿命的影响及分子机理研究［J］. 食品工业科技，2011，32（12）：126-128.

[4] Liao V H-C, Yu C-W, Chu Y-J, et al. Curcumin-mediated lifespan extension in caenorhabditis elegans［J］. Mechanisms of Ageing and Development, 2011, 132（10）: 480-487.

[5] 陈亮稳，张云侠，于敏，等. 蜜环菌菌索多糖延缓秀丽隐杆线虫衰老机制研究［J］. 中草药，2013，44（4）：449-453.

[6] 杨文秀，赵肃，李文海，等. 核酸抗衰老作用的研究［J］. 沈阳医学院学报，2000（4）：212-214.

[7] 游庭活，温露，刘凡. 衰老机制及延缓衰老活性物质研究进展［J］. 天然产物研究与开发，2015，27（11）：1985-1990.

[8] 邬燕红，谭青兰，胡新成. 复合生物活性肽类化妆品的功效评价［J］. 香料香精化妆品，2020（5）：60-62+66.

[9] 白耀辉，张优良，岑名迅，等. 添加生物活性多肽的抗衰老化妆品性能研究［J］. 广州化工，2020，48（10）：67-70.

[10] 翟兴月，王庆辉，赵冠华，等. 非标记定量蛋白质组方法分析鲟鱼肽抗d-半乳糖导致的小鼠衰老作用的研究［J］. 食品工业科技，2019，40（3）：290-295.

[11] 王荣，杨宽，陈春妮，等. 亚麻籽提取物对D-半乳糖致衰老小鼠的抗氧化保护机制研究［J］. 中国油脂，2019，44（8）：92-95.

[12] 黄杰，董照瀛，许梦雄，等. D-半乳糖致小鼠胰腺损伤［J］. 基础医学与临床，2017，37（7）：912-917.

［13］车晓宁. 有氧运动对衰老的大鼠脑组织抗氧化蛋白的影响［J］. 职业与健康，2014，30
（13）：1782-1784.

［14］韦忠建，陆碧琼，胡江平. 不同负荷的间歇性游泳运动对衰老小鼠腓肠肌丙二醛含量和
超氧化物歧化酶活性的影响［J］. 中国老年学杂志，2019，39（15）：3781-3783.

［15］Chen M，Zhai J，Liu Y，et al. Molecular cloning and characterization of C_1
tetrahydrofolate（C_1-THF）synthase in *Bombyx mori*，silkworm［J］. Gene，2018，
663：25-33.

［16］Bai Y，Li X，Zhang D，et al. Effects of phosphorylation on the activity of glycogen
phosphorylase in mutton during incubation at 4 ℃ in vitro［J］. Food Chemistry，
2020，313：126162.

［17］Al-Shehri S S，Duley J A，Bansal N. Xanthine oxidase-lactoperoxidase system and
innate immunity：Biochemical actions and physiological roles［J］. Redox Biology，
2020，34：101524.

［18］Chen Y，Li Y，Chao H，et al. Molecular cloning and characterisation of a novel
xanthine oxidase from *Cellulosimicrobium cellulans* ATCC21606［J］. Process
Biochemistry，2020，91：65-72.

［19］Monika，Sharma N K，Thakur N，et al. Xanthine oxidase of *Acinetobacter
calcoaceticus* RL2-M4：Production，purification and characterization［J］. Protein
Expression and Purification，2019，160：36-44.

［20］Kanehisa M，Goto S，Sato Y，et al. KEGG for integration and interpretation
of large-scale molecular data sets［J］. Nucleic Acids Research，2012，40：
D109-D114.

［21］努尔阿米那·阿不都哈力克，祖丽菲亚·吾斯曼，买吾拉尼江·依孜布拉，等. 中药复方
颗粒对d-半乳糖致衰老模型小鼠尿液的核磁共振氢谱代谢组学研究［J］. 食品安全质
量检测学报，2019，10（9）：2581-2589.

［22］赵凡凡. 甘草对d-gal诱导的大鼠抗衰老作用及基于牛磺酸通路的靶标代谢组学研究
［D］. 太原：山西大学，2018.

［23］张翠，台晶杰，崔文静，等. 基于UPLC-MS技术的阿尔茨海默病模型大鼠尿液代谢组学
［J］. 沈阳药科大学学报，2018，35（3）：199-206.

［24］常艳芬. 基于代谢组学的黄芩抗衰老作用评价及机制研究［D］. 太原：山西大学，
2016.

大鲵活性肽降血糖活性

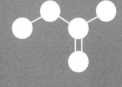

第一节 概述

糖尿病（diabetes mellitus，DM）是一种以慢性血糖水平升高为特征的代谢性疾病，是由于胰岛素分泌和（或）作用相对或绝对不足所引起的。全球糖尿病患者与日俱增，已经成为一个严重的公共健康问题。根据国际糖尿病联盟（the International Diabetes Federation，IDF）报告，2019年全球约有4.63亿人患糖尿病，预计到2030年，全球糖尿病患者将达到5.78亿[1]。

传统的治疗糖尿病的药物大多数为人工合成的药物，主要有胰岛素及其类似物、磺脲类、二甲双胍类、α-葡萄糖苷酶抑制剂、噻唑烷二酮类、苯茴酸类衍生物促泌剂、胰高血糖素样肽-1（GLP-1）受体激动剂、二肽基肽酶Ⅳ抑制剂（DPP-4酶抑制剂）等。人工合成的治疗糖尿病药物普遍存在着一定的副作用。因此，寻找天然的、副作用小的食源性治疗糖尿病的活性物质成为人们不断努力的方向。食物来源的治疗糖尿病的活性具有结构清楚、作用机制明确、毒副作用小、代谢终产物为氨基酸的优点，而且几乎没有免疫原性，易于化学合成。

用于糖尿病治疗的植物性食源性肽类有苦瓜肽、斑豆肽、燕麦肽以及人参肽等，其中对于苦瓜肽与人参肽治疗糖尿病的药理作用进行了较深入的研究[2,3]。来自于海洋生物的具有糖尿病治疗作用的肽类活性物有较多的研究报道。王军波等研究了具有降低高胰岛素血症模型大鼠的空腹胰岛素水平的深海鲑鱼胶原肽的作用机制，而且对空腹血糖和口服葡萄糖耐量有一定的改善作用[4]。赵阔等利用罗非鱼下脚料酶解制备出降血糖肽，获得的碱性蛋白酶酶解产物水解度为28.19%，α-葡萄糖苷酶抑制率达到30.12%[5]。林海生等对华贵栉孔扇贝（*Chlamys nobilis*）、马氏珠母贝（*Pinctada fucata*）和栉江珧（*Atrina pectinate*）等三种海洋贝类的闭壳肌酶解产物抑制α-葡萄糖苷酶、α-淀粉酶和脂肪酶活性进行了研究，发现它们具有抑制活性[6]。这些研究结果为开发新的抗糖尿病肽类药物提供了重要基础。

第二节 大鲵活性肽降血糖作用研究

选择利用*Aspergillus* sp.酸性蛋白酶酶解大鲵肉获得的大鲵活性肽进行降血糖作用研究。实验选取SPF级美国癌症研究所（Institute of Cancer Research，ICR）雄性小鼠

60只，体重18～22g，于12h黑暗、12h光亮的塑料饲养箱内饲养，室温（23±2）℃，相对湿度40%~60%，自由采食和饮水。适应性饲养3d，随机挑选10只作为正常对照组，其余动物禁食15h（不禁水），由尾静脉快速注射新鲜配制的四氧嘧啶生理盐水溶液（80mg/kg），建立糖尿病动物模型。正常对照组注射等体积的生理盐水，96h后（禁食12h）尾静脉取血测定小鼠空腹血糖水平，血糖值≥11.1mmol/L的小鼠，且连续出现多饮、多食、多尿、体重减轻症状者为糖尿病小鼠。饲喂大鲵活性肽按照200mg/kg、400mg/kg及800mg/kg设置低、中、高剂量组。阳性对照为二甲双胍（metformin hydrochloride）。第21天测定空腹血糖后，摘眼球取血，分离血清，利用果糖胺法测定其中糖化血清蛋白含量（GSP），利用酶偶联比色法测定甘油三酯（TG）、总胆固醇（TCH）含量。

　　如表5-1所示，造模后治疗前各组小鼠血糖值明显升高，与空白对照组比较有显著性差异（$P<0.01$），表明造模成功。给药7d二甲双胍组、大鲵活性肽各剂量组血糖值下降明显，与模型组相比有显著性差异（$P<0.01$）。给药14d、21d二甲双胍组、大鲵活性肽各剂量组的血糖值与给药7d二甲双胍组、大鲵活性肽各剂量组的血糖值相比无显著性差异，表明大鲵活性肽能够防止糖尿病病情加重，并能长期控制血糖在理想范围内。

表5-1 大鲵活性肽对四氧嘧啶致ICR小鼠糖尿病模型降血糖的影响

组别	血糖值/（mmol/L）			
	0d	7d	14d	21d
正常组	4.4±0.3	3.6±0.4	4.2±0.4	4.3±0.6
高血糖组	21.5±2.8**	22.6±5.5*	22.2±2.8**	20.6±3.2**
阳性对照组	22.2±2.7**	14.5±1.2**##	12.5±0.9**##	12.8±1.7**##
大鲵活性肽低剂量组	21.6±3.7**	11.3±1.5**##	11.5±1**##	10.7±0.9**##
大鲵活性肽中剂量组	21.6±3**	10.4±1.4**##	10.4±0.7**##	10.6±1.6**##
大鲵活性肽高剂量组	21.2±1.3**	8.4±0.8**##	8.3±1.4**##	8.9±0.4**##

注：与正常组相比，*代表差异显著（$P<0.05$）；**代表差异极显著（$P<0.01$）。
　　与高血糖组相比，#代表差异显著（$P<0.05$）；##代表差异极显著（$P<0.01$）。

　　表5-2表明，大鲵活性肽各剂量组TCH、TG水平与高血糖组相比有显著性差异（$P<0.01$），说明大鲵活性肽可以调节糖尿病小鼠的血脂水平。大鲵活性肽各剂量组之间

比较无显著性差异。如表5-1和表5-2所示，筛选其最优剂量为800mg/kg。

表5-2 大鲵活性肽对四氧嘧啶致ICR小鼠糖尿病TG、TCH、GSP的影响

组别	TG/（mmol/L）	TCH/（mmol/L）	GSP/（mmol/L）
正常组	1.26±0.1	3.67±0.21	3.53±0.14
高血糖组	1.87±0.07**	5.61±0.15**	4.84±0.1**
阳性对照组	1.1±0.11##	4.24±0.13**##	4.25±0.11**##
大鲵活性肽低剂量组	1.17±0.1##	4.23±0.07**##	4.18±0.08**##
大鲵活性肽中剂量组	1.17±0.09##	4.01±0.18*##	4.14±0.04**##
大鲵活性肽高剂量组	1.39±0.13##	4.99±0.18**##	4.23±0.27**##

注：与正常组相比，*代表差异显著（$P<0.05$）；**代表差异极显著（$P<0.01$）。
    与高血糖组相比，#代表差异显著（$P<0.05$）；##代表差异极显著（$P<0.01$）。

糖尿病具有多食、多饮、多尿和体重减轻的症状[7]。如表5-3所示，大鲵活性肽中、高剂量组均能在一定程度上增加体重。给药7d二甲双胍组、大鲵活性肽各剂量组的血糖值与模型组相比，有显著性差异（$P<0.01$）。

表5-3 大鲵活性肽对四氧嘧啶致ICR小鼠糖尿病体重、血糖的影响

组别	给药前		给药7d	
	体重	血糖	体重	血糖
正常对照组	20.1±1.8	4.4±0.3	26.5±1.1	3.6±0.4
高血糖	19.9±1.2	21.5±2.8**	20.7±1.4**	22.6±5.5*
阳性对照组	20.1±1.5	22.2±2.7**	22.1±0.5**	14.5±1.2**##
大鲵活性肽低剂量组	19.8±1.6	21.6±3.7**	20.5±2.3**	11.3±1.5**##
大鲵活性肽中剂量组	20.4±1.3	21.6±3**	22.8±2.7*	10.4±1.4**##
大鲵活性肽高剂量组	20±1.3	21.2±1.3**	21.3±0.8**	8.4±0.8**##

注：与正常组相比，*代表差异显著（$P<0.05$）；**代表差异极显著（$P<0.01$）。
    与高血糖组相比，#代表差异显著（$P<0.05$）；##代表差异极显著（$P<0.01$）。

按照如下公式计算二甲双胍组、大鲵活性肽各剂量组对糖尿病小鼠的综合药效[8]：

综合药效=对糖尿病小鼠体质量的增加率×20%+对糖尿病小鼠饮水量的降低×15%+对糖尿病小鼠摄食量的降低率×15%+对糖尿病小鼠空腹血糖的降低率×50%

结果如表5-4所示。结果表明，大鲵活性肽高剂量组（800mg/kg）的综合药效评价

最高，为37.81%。

表5-4 大鲵活性肽及二甲双胍对糖尿病小鼠的综合药效评价

组别	体质量增加率/%	饮水降低率/%	摄食降低率/%	血糖降低率/%	综合药效评价/%
阳性对照组	10.1	25.75	30.37	34.8	27.86
大鲵活性肽低剂量组	3.5	24.37	24.58	47.8	31.93
大鲵活性肽中剂量组	11.6	26.42	20.2	52.1	35.35
大鲵活性肽高剂量组	6.5	22.29	19.55	60.5	37.81

　　四氧嘧啶能够选择项破坏胰岛B细胞，使胰岛B细胞失去分泌胰岛素的能力，从而造成体内糖、脂、蛋白质的代谢紊乱[7]。大鲵活性肽能够降低四氧嘧啶致ICR小鼠糖尿病的血糖水平，并使血糖维持在较低的范围内。大鲵活性肽降糖机制还需要进一步深入研究。通过认识大鲵活性肽结构与药效之间的关系，对于开发出新的高效降糖药物具有重要的意义。

参考文献

[1] 赵嘉妮，陈宏，翁凌，等. 食源性DPP-Ⅳ抑制肽降血糖的作用机制研究进展 [J]. 食品工业科技，2021：1-16（网络首发）.

[2] 董宇婷，王荣春. 降糖肽的发展现状及研究进展 [J]. 生物信息学，2018，16（2）：83-89.

[3] Ando T，Muraoka T，Yamasaki N，et al. Preparation of anti-lipolytic substance from *Panax ginseng* [J]. Planta Med，1980，38（1）：18-23.

[4] 王军波，张召锋，裴新荣，等. 海洋胶原肽对高胰岛素血症模型大鼠糖脂代谢的影响 [J]. 卫生研究，2010，39（2）：143-146.

[5] 赵阔，王涛，陈艳，等. 罗非鱼下脚料酶解制备降血糖肽的工艺研究 [J]. 现代食品，2020（14）：93-96+100.

[6] 林海生，廖津，章超桦，等. 华贵栉孔扇贝酶法制备α-葡萄糖苷酶抑制肽工艺优化

　　　　　［J］. 广东海洋大学学报，2020，40（5）：97-104.

［7］　董文南，柴尧，刘睿，等. 四角蛤蜊粗多糖对四氧嘧啶诱导icr小鼠糖尿病模型的降血糖作用［J］. 南京中医药大学学报，2015，31（2）：134-137.

［8］　王鑫. 肝炎肝郁脾虚证动物模型综合药效评价指标的建立［D］. 延边：延边大学，2012.

第六章

大鲵活性肽降尿酸作用

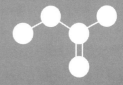

近年来，由于人们生活方式的改变，高尿酸血症发病率呈现逐年上升的趋势。高尿酸血症是人体内嘌呤代谢异常所致的一组代谢性疾病，人体内尿酸分泌增多或者尿酸排泄障碍引起的血液中尿酸超出正常范围。在临床上，当男性血尿酸水平大于416μmol/L，女性血尿酸水平大于357μmol/L即可确诊为高尿酸血症[1]。长期的高尿酸血症容易导致钠尿酸盐在关节及周围的软组织处沉积，引起痛风，并引发代谢类疾病和心血管病[2-4]。尿酸是嘌呤的代谢产物。目前，临床上一般使用别嘌呤醇、非布索坦、苯溴马隆、拉布立酶、丙磺舒、RDEA594、培戈洛酶等。这些药物虽然疗效较好，但容易引起过敏反应、胃肠道反应、肝肾疾病、肝功能损伤等副作用[5]。

人体内的尿酸来源分为内源性和外源性两种，内源性来源的尿酸占67%，外源性来源的尿酸占37%[6]。腺苷脱氨酶（adenosine deaminase，ADA）和黄嘌呤氧化酶（xanthine oxidase，XOD）是嘌呤类物质生产尿酸过程中的关键酶[7]。ADA催化腺嘌呤核苷生成次黄嘌呤核苷，经过核苷磷酸化酶作用生产次黄嘌呤，再经过XOD氧化生产尿酸[8]。XOD的催化中心包含2个铁硫中心（2Fe—2S）、1个钼蝶呤辅因子（Mo-pt）和1个黄素腺嘌呤二核苷酸（FAD）[9]。Mo-pt是维持XOD活性的关键部位。Mo-pt中的Mo—OH对底物的碳原子进行亲核攻击，使Mo^{6+}还原为Mo^{4+}，形成中间体，当体系释放出黄嘌呤或者尿酸后，Mo^{4+}再次氧化成Mo^{6+}[9]。XOD活性中心的结构是靠肽链的结构来维持的。当肽链的空间结构发生改变，势必改变XOD活性中心的结构，造成酶的活性降低或者失活。此外，降低XOD的信使核糖核酸（mRNA）表达量，也可以起到减少尿酸生成的作用。

人体产生的尿酸约70%由肾脏排出，其余约30%由肠道排出[10]。研究表明，多种转运蛋白参与肾脏近曲小管尿酸的转运过程，这些蛋白的异常表达，会造成尿酸重新吸收增加或排泄减少，导致高尿酸血症[5]。

食源性的降尿酸生物活性物质具有安全性高、无毒副作用的特点。目前，研究较多的降尿酸生物活性物质有黄酮类、酚酸类、生物碱类及益生菌等。相对而言，降尿酸生物活性肽的研究报道较少。赵谋明等利用中性蛋白酶和胰蛋白酶水解秋刀鱼制备抑制XOD肽，获得了XOD抑制率为30.32%的酶解产物，其相对分子质量小于3000[11]。吉薇与吉宏武用扁舵鲣鱼低聚肽饲喂高尿酸血症大鼠，发现扁舵鲣鱼低聚肽具有降低高尿酸血症大鼠的尿酸作用，且能够保护高尿酸血症大鼠的肾脏[12]。此外，从核桃粉、水稻、平菇、罗非鱼皮、鲨鱼软骨、金枪鱼等食物中，都分别制备出具有抑制XOD的活性肽[13]。随着高尿酸血症及痛风的患病率逐年上升，开发高效低毒的降尿酸活性物质成为亟待解决的问题。从食物蛋白质源开发降尿酸活性肽为预防和治疗高尿酸血症及痛风提供了新的希望。

第二节 大鲵活性肽降尿酸作用研究

大连海洋大学李伟教授课题组通过非标记定量蛋白质组学评价了大鲵活性肽对高尿酸血症小鼠的降尿酸效果。实验选取40只清洁级昆明种小鼠，体重18~22g，雌雄各半，于12h黑暗、12h光亮的塑料饲养箱内饲养，室温（20±2）℃，相对湿度40%~60%，自由采食和饮水，适应性饲养3d后，随机分为4组，分别为空白组、模型组、别嘌醇阳性组、大鲵活性肽组，每组10只。其中模型组、别嘌醇阳性组及大鲵活性肽组腹腔注射以5g/L羧甲基纤维素钠为溶剂的氧嗪酸钾（PO）溶液（浓度300mg/kg），0.2mL/10g连续注射15d，建立高尿酸血症模型。空白组注射5g/L羧甲基纤维素钠（0.2mL/10g）。造模成功后，别嘌醇阳性组与本大鲵活性肽组每天给药1次（0.1mL/10g），连续灌胃15d，阳性组给药为别嘌醇（allopurinol，APL）浓度5mg/kg，大鲵活性肽组给药浓度80mg/kg，空白组及模型组给予等体积蒸馏水灌胃。末次给药后禁食24h后，用水合氯醛麻醉小鼠，眼眶后静脉取血，将采集的全血于37℃恒温30min，然后于4℃冰箱中1h，在3000r/min下离心3min，分离血清。测定血清中尿酸（UA）及黄嘌呤氧化酶XOD的含量，结果见表6-1。如表6-1所示，大鲵活性肽组的尿酸含量和XOD活性低于模型组和别嘌醇阳性组。

表6-1 大鲵活性肽对高尿酸血症小鼠生化指标的影响

组别	尿酸/（μmol/L）	黄嘌呤氧化酶/（U/L）
空白组	57.0±5.7	12.7±0.9
模型组	125.8±5.3	16.8±1.3
别嘌醇阳性组	73.4±5.8	13.8±1.2
大鲵活性肽组	61.2±6.2	13.3±1.0

取50μL大鲵活性肽组小鼠血清和模型组小鼠血清，均采用去血清高丰度亲和色谱柱获得小鼠血清中低丰度蛋白组分。分别取小鼠血清中低丰度蛋白组分30μL，加入

0.003mmol二硫苏糖醇（DTT），沸水浴5min后冷却至室温。加入200μL尿素缓冲液（8mol/L尿素，150mmol/L Tris-HCl，pH 8.0）混匀后，在10ku超滤离心管中于14000×g离心15min，弃滤液（重复该步骤一次）。加入100μL 100mmol/L吲哚乙酸（IAA）缓冲液（以尿素缓冲液溶解），在600r/min条件下离心1min，室温避光30min后于相同离心条件下进行离心。加入100μL尿素缓冲液，相同离心条件下离心，该步骤重复两次。加入100μL 25mmol/L NH₄HCO₃溶液，相同离心条件下离心两次。加入40μL 0.1g/L胰蛋白酶缓冲液（以100mmol/L NH₄HCO₃溶液配制），600r/min离心反应1min，37℃静置16h。换新收集管，相同离心条件下离心过滤；再加入40μL 25mmol/L NH₄HCO₃，在相同离心条件下离心并收集滤液。通过C₁₈ Cartridge脱盐冻干后以40μL 0.1%（体积分数）甲酸溶液复溶，测定280nm吸光值。

过滤辅助蛋白质组制备（FASP）酶解后的样品，采用纳升流速的HPLC液相系统Easy nLC进行分离。A相：0.1%（体积分数）甲酸水溶液；B相：0.1%（体积分数）甲酸乙腈水溶液［乙腈为84%（体积分数）］。色谱柱以300nL/min 95%的A相平衡，样品依次通过上样柱和分析柱分离。0~50min，B相线性梯度0%~35%；50~55min，B相线性梯度35%~100%；55~60min，B相维持100%。经色谱分离后的样品用Q-Exactive质谱仪进行质谱分析。

质谱分析原始数据为RAW文件，采用MaxQuant软件（版本号1.3.0.5）进行查库鉴定，并根据Label Free算法进行定量分析[14, 15]。结果如表6-2所示。结果表明，大鲵活性肽组小鼠血清和模型组小鼠血清相比，其中胞质中C-1-四氢叶酸合成酶（C-1-tetrahydrofolate synthase, cytoplasmic，存取编号Q922D8）和肌肉中糖原磷酸化酶显著增加，黄嘌呤脱氢酶（氧化酶）（xanthine dehydrogenase/oxidase，存取编号Q00519）显著减少，表明大鲵活性肽具有较强的降尿酸作用。

表6-2 进行生物信息学分析的3种蛋白质

存取编号	蛋白质	相对分子质量	pI	实施例1组/模型组	参与代谢途径
Q922D8	C-1-四氢叶酸合成酶	101200	6.7	2.782561	一碳池
Q9WUB3	肌糖原磷酸化酶	97285	6.65	2.050717	胰岛素信号途径/淀粉蔗糖代谢；胰岛素抵抗/胰高血糖素信号通路
Q00519	黄嘌呤脱氢酶	146560	7.62	0.490959	过氧化物酶体/药物代谢-其他酶/嘌呤代谢/咖啡因代谢

随着社会的高速发展，人们的生活方式、饮食习惯和环境变化等因素的影响，大量的嘌呤类物质被摄入体内以及人体内参与嘌呤代谢的某些酶的异常和基因的变异，导致痛风的发病率逐年升高，且有明显的年轻化趋势。目前，临床上用于治疗的药物对人体都有显著的毒副作用。因此，开发高效、安全的降尿酸活性肽对于开发降尿酸功能食品具有十分重要的意义。随着大鲵活性肽相关研究的不断开展，大鲵活性肽将在改善高尿酸血症及痛风正方面具有广阔的应用前景。

参考文献

[1] Li H, Zhao M, Su G, et al. Effect of soy sauce on serum uric acid levels in hyperuricemic rats and identification of flazin as a potent xanthine oxidase inhibitor [J] . Journal of Agricultural and Food Chemistry, 2016, 64 (23) : 4725-4734.

[2] 邹筱芳，巫冠中. 尿酸肾损伤的分子机制研究进展 [J]. 安徽医药，2015, 19 (1) : 5-9.

[3] Wang J, Chen R-P, Lei L, et al. Prevalence and determinants of hyperuricemia in type 2 diabetes mellitus patients with central obesity in Guangdong Province in China [J] . Asia Pacific Journal of Clinical Nutrition, 2013, 22 (4) : 590-598.

[4] You L, Liu A, Wuyun G, et al. Prevalence of hyperuricemia and the relationship between serum uric acid and metabolic syndrome in the asian mongolian area [J] . Journal of Atherosclerosis and Thrombosis, 2014, 21 (4) : 355-365.

[5] 邹琳，冯凤琴. 食品中降尿酸活性物质及其作用机理研究进展 [J] . 食品工业科技，2019, 40 (13) : 352-357+364.

[6] Mehmood A, Zhao L, Wang C, et al. Management of hyperuricemia through dietary polyphenols as a natural medicament: A comprehensive review [J] . Critical Reviews in Food Science and Nutrition, 2019, 59 (9) : 1433-1455.

[7] 周洁，孙超，李飞. 中药活性成分降尿酸作用机制研究进展 [J] . 中国药理学通报，2018, 34 (1) : 19-22.

[8] 杨会军，陈艳林，彭江云. 抗高尿酸血症天然产物的药理研究进展 [J] . 天然产物研究与开发，2015, 27 (8) : 1483-1486.

[9] Wang Y, Zhang G, Pan J, et al. Novel insights into the inhibitory mechanism of kaempferol on xanthine oxidase [J] . Journal of Agricultural and Food Chemistry, 2015, 63 (2) : 526-534.

[10] Hosomi A, Nakanishi T, Fujita T, et al. Extra-renal elimination of uric acid via intestinal efflux transporter BCRP/ABCG2 [J] . PLoS One, 2012, 7 (2) : e30456.

[11] 赵谋明，徐巨才，刘洋，等. 秋刀鱼制备黄嘌呤氧化酶抑制肽的工艺优化 [J] . 农业工

程学报，2015，31（14）：291-297.

[12] 吉薇，吉宏武. 扁舵鲣鱼低聚肽降尿酸功效评价 [J]. 食品与发酵工业，2021，47（6）：62-67.

[13] 胡晓，周雅，杨贤庆，等. 食物蛋白源降尿酸活性肽的研究进展 [J]. 食品与发酵工业，2020，46（4）：287-293.

[14] Zhu Y, Xu H, Chen H, et al. Proteomic analysis of solid pseudopapillary tumor of the pancreas reveals dysfunction of the endoplasmic reticulum protein processing pathway* [J]. Molecular & Cellular Proteomics，2014，13（10）：2593-2603.

[15] Thiellement H, Zivy M, Damerval C, et al. Plant proteomics：Methods and protocols [M]. New Jersey：Humana Press，2007.

第七章 大鲵活性肽与牡蛎多糖复合粉对D-半乳糖致衰老小鼠肠道菌群的影响

第一节　概述

人肠道内有大量的肠道菌群，种类可达到500~1000种[1]。复杂多样的人肠道菌群在维持人体健康方面起着重要作用。虽然人类的年龄、居住环境的气候、生活饮食以及基因表达等会影响肠道菌群的种类，但核心的肠道菌群物种相对来说是比较保守的[2]。核心肠道菌群物种丰度在不同的时间阶段存在小范围内的波动，通过与人体的消化系统、免疫系统等相互作用，与人类的健康建立起一种平衡的关系[3]。研究表明，当人体肠道菌群的平衡被打破时，肠道菌群的物种种类和丰度发生显著变化，从而引起炎症、衰老、肥胖、免疫失调、代谢异常以及肿瘤的发生[4-9]。

饮食对肠道菌群的结构起着重要作用，影响着肠道菌群的优势物种和多样性的发展[8]。因此，健康合理的饮食结构对于人体的健康至关重要。功能性食品是具有特定营养保健功能的食品，即保健食品，能提供多种营养物质，提高人体健康水平，减少某些疾病的风险[10]。生物活性肽是功能性食品的重要组分之一。对生物活性肽干扰肠道菌群的作用，人们进行了大量的研究。王少平等对土鳖虫活性肽对高脂血症大鼠肠道菌群的影响进行了研究，发现土鳖虫活性肽显著增加了高脂血症大鼠肠道菌群中厚壁菌门中的柔菌属、乳酸杆菌属、双歧杆菌属的相对丰度，降低拟杆菌门、软壁菌门的瘤胃球菌属、普氏菌属、普雷沃菌属的相对丰度，修复了高脂血症大鼠肠道菌群的紊乱状态，进而导致土鳖虫活性肽修复后的肠道菌群干预脂质代谢途径发挥降血脂的作用[11]。明珠等研究了乳源酪蛋白糖巨肽（casein glycomacropeptide，CGMP）干预溃疡性结肠炎小鼠肠道菌群的作用，发现乳源CGMP干预溃疡性结肠炎小鼠肠道菌群导致其厚壁菌门和拟杆菌门的相对丰度增加，肠道菌群多样性增加，进而改善了溃疡性结肠炎[12]。王德平等利用含有10%小肽的五粮肽饲喂乳猪，发现添加五粮肽能提高乳猪肠道中乳酸菌的含量，降低大肠杆菌的含量[13]。上述研究表明，生物活性肽具有调节肠道菌群结构的作用。

衰老是生物体各种生理机能和组织器官退化的结果[14]，是不可避免的一个过程。衰老学说有很多种，最为著名的是Harman提出的自由基学说，该学说认为在衰老的过程中机体不断产生过量的自由基从而造成机体氧化应激损伤[15]。已有大量的研究表明，衰老与肠道菌群（intestinal flora）有密切联系。肠道微生物的数量和种类繁多，其中厚壁菌门、拟杆菌门、放线菌门这三种菌群的相对丰度较高[16]。肠道菌群的数量和携带遗传物质的基因数量是人体所不能比的[17]。在机体衰老过程中肠道菌群的组成和结构发生了显著的变化。

在不同阶段的群体中肠道菌群的种类和数量也在不断变化，婴幼儿时期的肠道菌群多来自母体，菌群结构简单，处于低丰度的状态；青年时期肠道菌群结构复杂，多样性增加；老年时期的肠道菌群多样性降低，有益菌下降，有害菌增多。杨莉等研究了喂养方式、生产方式、月龄对婴儿肠道菌群的影响，结果表明喂养方式和不同月龄对婴儿肠道菌群的影响有明显的差异[18]。相关研究表明，衰老伴随着肠道菌群多样性降低，益生菌的相对丰度显著下降；肠道菌群对糖的代谢减少，对蛋白质的代谢增加；厚壁菌门（F）和拟杆菌门（B）的丰度比值（F/B）降低[19, 20]。邱惠萍等研究了不同年龄人群的肠道菌群多样性，结果表明肠道菌群中占比最大的为厚壁菌门，相对丰度在80岁之前最高，80岁之后呈现下降的趋势，粪杆菌属的相对丰度与年龄具有负相关性[21]。李娜丽的研究表明拟杆菌门在老年人群中占比最大，厚壁菌门在年轻人中占比最大[22]。刘蓉等的研究表明在小鼠肠道菌群中拟杆菌门的相对丰度最大，厚壁菌门丰度次之[23]。邱惠萍与李娜丽、刘蓉的研究结果并不一致，说明拟杆菌门和厚壁菌门易受外界各种因素的影响，造成优势菌群的变化。杨展的研究表明随着年龄的增加，拟杆菌门上升，厚壁菌门下降，厚壁菌门（F）和拟杆菌门（B）的丰度比值（F/B）下降[24]。张梅梅的研究表明衰老小鼠肠道菌群中F/B值下降，原花青素B2显著提高了衰老模型小鼠的F/B值和乳杆菌属的相对丰度[25]。訾雨歌等研究表明F/B值在衰老组上升，在原花青素B2组下降[26]。这些研究结果表明，F/B的变化不具有相同的趋势。

第二节　大鲵活性肽与牡蛎多糖复合粉对D-半乳糖致衰老小鼠肠道菌群的作用

鉴于市场上出现的多种大鲵活性肽产品中都含有牡蛎多糖，因此对大鲵活性肽与牡蛎多糖复合粉的生物活性进行研究，将有助于深度开发这类产品。将大鲵活性肽与牡蛎多糖按照质量比3 : 4混合，获得大鲵肽牡蛎多糖复合粉。牡蛎多糖按照Shi等的方法制备[27]。牡蛎多糖具有降血压、保护肝脏、抗氧化等多种生物活性，是一种在功能食品领域广泛应用的组分。

利用D-半乳糖致衰老模型小鼠研究大鲵活性肽与牡蛎多糖复合粉对其肠道菌群的作用。将60只SPF级昆明小鼠（雄性）分为5组，分别为正常组、衰老模型组、大鲵活性肽牡蛎多糖复合粉低浓度100mg/（kg·d）、大鲵活性肽牡蛎多糖复合粉中浓度200mg/（kg·d）、大鲵活性肽牡蛎多糖复合粉高浓度400mg/（kg·d）剂量组。除正常组每天注射等体积生理盐水外，其他各组每天都皮下组织注射50g/L的D-半乳糖0.5mL/d（生理盐水配制）。各组每日灌胃一次0.1mL/20g大鲵活性肽牡蛎多糖复合粉水溶液，正常组和衰老模型组给予同体积的生理盐水，连续灌胃6周后，收集正常组（ADS.C.）10只，衰老模型组（ADS.M.）10只，大鲵活性肽牡蛎多糖复合粉组（ADS.T.）低、中、高浓度分别为3、3、4只小鼠的粪便，共计30个样品，放入液氮中保存待测。

　　将速冻的小鼠粪便进行16S高通量测序。通过DNA的提取及检测、聚合酶链反应（PCR）扩增、产物纯化、文库制备及库检、ionS5TMXL测序等步骤，得到16S核糖体脱氧核糖核酸（rDNA）高变区序列。

一、小鼠一般状态及体重变化

　　根据实验动物分组情况，观察小鼠在实验期间的状态和体重变化，结果如图7-1所示。与空白组相比，D-半乳糖致衰老模型组、大鲵活性肽牡蛎多糖复合粉低剂量组、中剂量组以及高剂量组小鼠的饮食情况、大小便情况、毛发状态和精神状态均无异常，体重呈现增加趋势，与正常组相比无明显差异。因此，D-半乳糖致衰老过程中，各周、各组小鼠体重无明显变化（$P>0.05$）（图7-1）。

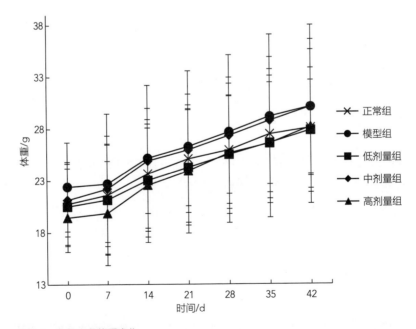

图7-1　各组小鼠体重变化

二、小鼠肠道菌群的多样性分析

IonS5TMXL测序得到的数据为fastq格式，使用Cutadapt软件过滤和按barcode拆分样本后，进行可执行的分类操作单位（operation taxonnomic unit，OTU）聚类和物种分析。Alpha多样性用于分析样品内的微生物群落多样性[28]。通过单样本的多样性分析可以反映样品内的微生物群落的丰富度和多样性。一般来说，在97%以上的序列一致性下聚类成为一个OTU的序列被认为可能是源自同一个种的序列。对不同样品在97%一致性阈值下的alpha多样性分析指数（observed-species、Chao1、ACE、Shannon、Simpson、goods-coverage、PD-whole-tree）进行统计，结果见表7-1（均一化时选取的数据量：cutoff=67616）。

如表7-1所示，30个样本的Coverage≥0.997，可以认为样本中存在的序列全部被检测到。在所有样品中，样品OTU数量最多的为T1组（1403），最少的为M1组（537），这表明小鼠粪便中菌群丰度存在差异。其中，样品中菌群多样性指数最高的为T1组（ACE值1471.336和Chao1值1478.019最高），最低的为C10组（ACE值628.079和Chao1值607.281最低），表明T组其肠道菌群的多样性高于C组和M组，且T组的粪便菌群丰度最高。Shannon指数和Simpson指数越大，表明菌群多样性越高。30组样品中以T1组的Shannon值最大（7.056），C4组Shannon值最小（3.812）；以T9组的Simpson值最大（0.976），C4组Simpson值最小（0.741）。PD-whole-tree用来预测物种群落多样性，值越大代表越多的物种多样性，以T1组的PD-whole-tree值最大（104.037），M5组PD-whole-tree值最小（41.136）。各组样品粪便菌群的OTU数量及alpha多样性说明，10个饲喂大鲵肽牡蛎多糖复合粉组小鼠粪便的菌群多样性最高，表明大鲵肽牡蛎多糖复合粉对小鼠的肠道菌群结构具有一定的调整作用。

表7-1 样本的Alpha多样性统计

样本名称	OTU	Shannon	Simpson	Chao1	ACE	Goods Coverage	PD-whole-tree
ADS.C.1	560	4.687	0.897	628.043	648.281	0.998	44.267
ADS.C.2	727	4.208	0.805	839.152	843.018	0.998	57.581
ADS.C.3	582	4.176	0.77	660.269	666.368	0.998	42.431
ADS.C.4	593	3.812	0.741	656.917	680.111	0.998	50.546
ADS.C.5	1137	6.453	0.942	1209.065	1220.064	0.998	87.048

续表

样本名称	OTU	Shannon	Simpson	Chao1	ACE	Goods Coverage	PD-whole-tree
ADS.C.6	601	6.073	0.964	659.958	666.505	0.999	46.154
ADS.C.7	727	5.549	0.936	780.512	808.866	0.998	55.2
ADS.C.8	661	5.016	0.927	726.724	731.285	0.998	54.203
ADS.C.9	566	5.81	0.959	623.558	639.526	0.999	45.757
ADS.C.10	576	5.422	0.925	607.281	628.079	0.999	46.293
ADS.M.1	537	4.609	0.901	623.032	641.025	0.998	43.006
ADS.M.2	736	4.849	0.888	859.58	873.028	0.997	59.056
ADS.M.3	909	6.808	0.975	969.047	985.268	0.998	64.678
ADS.M.4	667	5.23	0.921	759.243	785.672	0.998	48.489
ADS.M.5	589	5.943	0.958	642.963	658.022	0.999	41.136
ADS.M.6	625	6.161	0.957	670.535	685.571	0.999	42.884
ADS.M.7	879	5.107	0.881	973.448	993.955	0.998	67.318
ADS.M.8	761	6.368	0.975	840.342	849.645	0.998	58.474
ADS.M.9	647	5.273	0.897	712.917	726.117	0.998	45.592
ADS.M.10	765	6.182	0.967	840.271	870.086	0.998	56.124
ADS.T.1	1403	7.056	0.966	1478.019	1471.336	0.998	104.037
ADS.T.2	1114	6.556	0.963	1211.55	1220.532	0.997	86.647
ADS.T.3	766	6.436	0.975	866.385	873.266	0.998	59.312
ADS.T.4	612	6.272	0.973	657.868	665.41	0.999	41.437
ADS.T.5	778	4.823	0.856	850.007	874.343	0.998	59.289
ADS.T.6	723	4.792	0.882	805.409	832.988	0.998	54.707
ADS.T.7	602	5.462	0.944	663.437	684.564	0.998	44.385
ADS.T.8	611	4.998	0.896	680.515	700.233	0.998	50.209
ADS.T.9	866	6.741	0.976	955.632	944.965	0.998	62.07
ADS.T.10	770	6.072	0.948	829.509	845.877	0.998	58.845

　　物种多样可以通过稀释曲线（rarefaction curve）和丰度等级（rank abundance）曲线来分析。稀释曲线是从样品中随机抽取一定测序量的数据，统计它们所代表的物种数量（OTU数量，即OTUs）。稀释曲线可以直接反映测序数据的合理性。如图7-2（1）所示，稀释曲线逐渐趋于平坦，说明测序小鼠粪便样品的数据量比较合理，继续抽样只会产生少量新物种，同时样本曲线的延伸终点的横坐标约为68000，反映了物种丰富度指数信息。如图7-2（2）所示，丰度等级曲线在横坐标轴上跨度较大，表明物种比较丰富，在纵坐标上的曲线比较平滑，反映了物种分布较均匀。

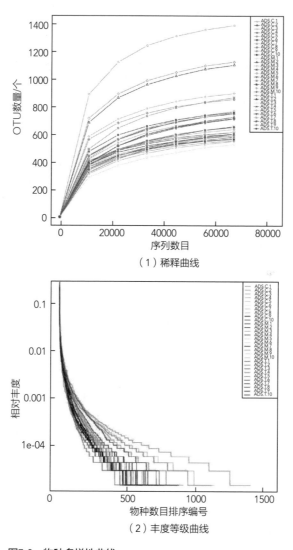

（1）稀释曲线

（2）丰度等级曲线

图7-2　物种多样性曲线

各样品中微生物群落的物种丰富度和多样性可以由物种累积箱形图反映出来。物种累积箱形图见图7-3，横坐标为30个样本量，纵坐标为OTU数量。如图7-3所示，随着粪便样本量的增加，曲线上升的越平坦，表明采样量足够，表示新物种并不会随样本量的增加而明显增多，即抽样已经足够充分。

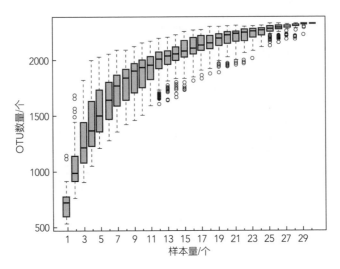

图7-3　物种积累箱型图

利用韦恩（Venn）图分析空白对照组（C）、衰老模型组（M）、治疗组（T）三者之间的OTUs，结果见图7-4。如图7-4所示，空白对照组特有OTUs 348个，衰老模型组特有OTUs 266个，空白对照组和衰老模型组共有OTUs 1441个；治疗组特有OTUs 481个，空白对照组特有OTUs 167个，治疗组与空白对照组共有OUTs 1622个；治疗组特有OTUs 519个，衰老模型组特有OTUs 123个，治疗组与衰老模型组共有OUTs 1584个。

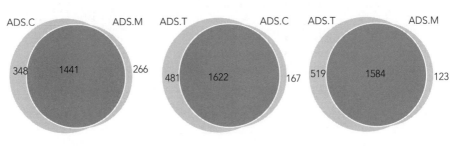

图7-4　韦恩图

通过alpha多样性指数组间差异分析，判断组间物种多样性差异是否显著。图7-5为

observed species指数的组间差异分析箱形图，从图7-5中可以看出，各组间均有显著性差异。图7-6为Shannon指数差异箱形图，如图7-6所示，各组间均有显著性差异。

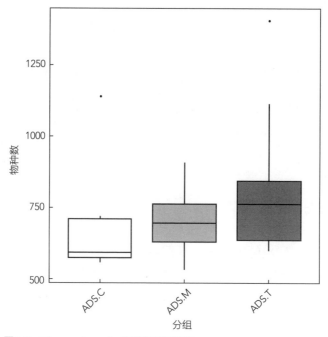

图7-5　Observed species指数差异箱形图

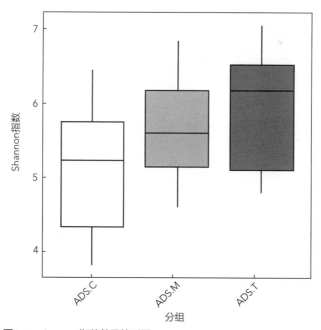

图7-6　Shannon指数差异箱形图

Wilcox秩和检验见表7-2。如表7-2所示对照组（C）和治疗组（T）的显著性为0.02，0.02＜0.05该组具有显著性差异，表明治疗组（T）的物种多样性与对照组（C）的物种多样性具有显著不同。

表7-2　基于observed species指数的wilcox秩和检验

比对组	P值	显著性	LCL	UCL
ADS.C-ADS.M	-5.3	0.16	-12.85	2.25
ADS.C-ADS.T	-9.1	0.02*	-16.65	-1.55
ADS.M-ADS.T	-3.8	0.31	-11.35	3.75

注：*表示组间差异显著（$P<0.05$）。
　　LCL为控制下限；UCL为控制上限。

三、小鼠肠道菌群结构比较

Beta多样性是对不同样品的微生物群落构成进行比较分析的方法。Beta多样性研究中，用weighted unifrac距离和unweighted unifrac距离两种算法来衡量样品间的差异，其值越小，表明样品的物种多样性差异越小。以weighted unifrac和unweighted unifrac距离绘制的热图结果如图7-7。图中方格中的数字是样品两两之间的相异系数，相异系数越小的两个样品，物种多样性的差异越小，方格中的上面数字代表代表weighted unifrac距离，下面数字代表unweighted unifrac距离。如图7-7所示，ADS.T与ADS.C具有较大差异。

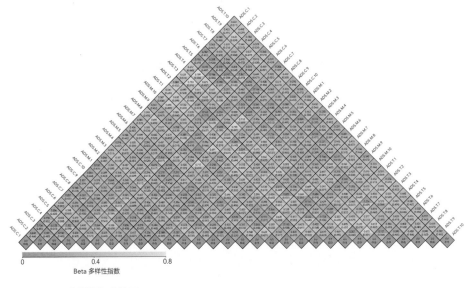

图7-7　Beta多样性指数热图

Beta多样性组间差异分析的箱形图结合Wilcox秩和检验和能够分析组间物种beta多样性差异显著性。基于weighted unifrac beta多样性的箱形图见图7-8，基于weighted unifrac beta多样性的wilcox秩和检验见表7-3。基于unweighted unifrac beta多样性的箱形图见图7-9。如图7-8、图7-9所示，三组的中位数、离散程度、最大值、最小值均不同。

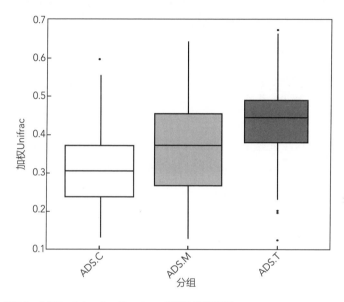

图7-8　基于weighted unifrac beta多样性的箱形图

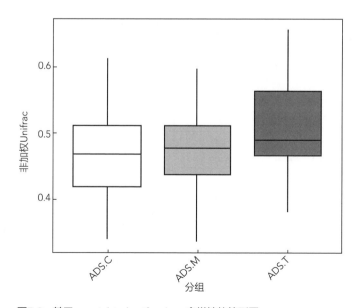

图7-9　基于unweighted unifrac beta多样性的箱形图

如表7-3所示，ADS.C-ADS.M、ADS.C-ADS.T、ADS.M-ADS.T的sig.均小于0.05，三组之间具有显著性差异，表明三组的Beta多样性具有显著不同。

表7-3 基于weighted unifrac beta多样性的wilcox秩和检验

比对组	P值	sig.	LCL	UCL
ADS.C-ADS.M	-21.18	0.0063**	-36.27	-6.09
ADS.C-ADS.T	-37.76	0***	-52.84	-22.67
ADS.M-ADS.T	-16.58	0.0315*	-31.67	-1.49

注：*表示组间差异显著（$P<0.05$）；**表示组间差异极显著（$P<0.01$）；***表示组间差异最显著（$P<0.001$）。
LCL为控制下限；UCL为控制上限。

基于weighted unifrac距离和unweighted unifrac距离的主坐标分析（principal co-ordinates analysis，PCoA），可以看出物种组成的结构相似程度。如图7-10所示，聚集比较明显的是对照组，治疗组和模型组分布的区域较广泛，说明衰老过程及衰老的治疗都是一个复杂的过程。

无度量多维标定法（non-metric multi-dimensional scaling，NMDS）可以克服线性模型（如PCoA）的缺点，更好地反映数据的非线性结构[29]。基于OTU水平的NMDS分析ADS.C、ADS.M以及ADS.T结果见图7-11。如图7-11所示，三组样品的stress为0.181＜0.2，说明样品间的差异程度较好。

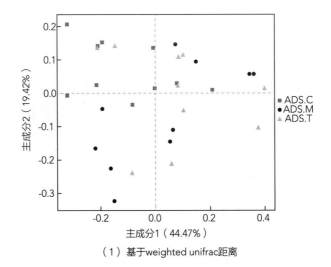

（1）基于weighted unifrac距离

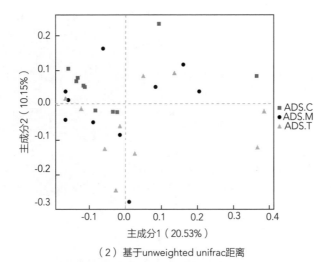

（2）基于unweighted unifrac距离

图7-10　二维PCoA分析

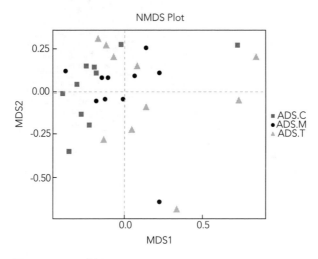

图7-11　NMDS分析

非加权算术平均组方法（unweighted pair-group method with arithmetic mean，UPGMA）聚类树是一种较为常用的分类分析方法。聚类分析结果与各样品在门水平上物种相对丰度的整合结果如图7-12。如图7-12（1）所示，基于weighted unifrac距离绘制的UPGMA聚类树表明，ADS.C组的物种相对丰度6组数据比较集中，ADS.T组有6组比较集中。如图7-12（2）所示，基于unweighted unifrac距离绘制的UPGMA聚类树对照组有8组数据较集中，ADS.T组相对集中于图的下部，ADS.M组在中部。

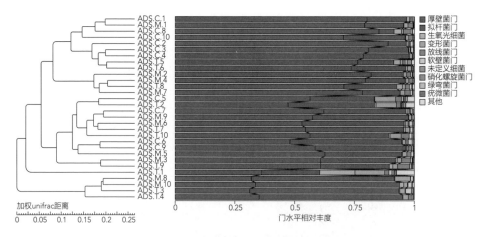

（1）基于weighted unifrac距离

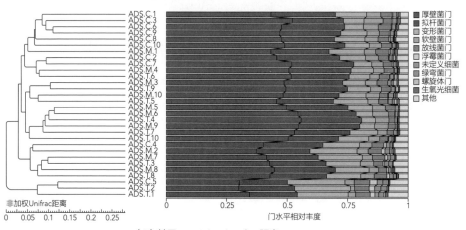

（2）基于unweighted unifrac距离

图7-12　UPGMA聚类树

Anosim分析用来检验组间肠道菌群群落结构差异性，分析结果见表7-4。如表7-4所示，ADS.C-ADS.T、ADS.C-ADS.M的R值均大于0且小于1，表明ADS.C-ADS.T、ADS.C-ADS.M组间群落结构差异显著。ADS.M-ADS.T的R值为-0.02722，这表明大鲵活性肽与牡蛎多糖复合粉对D-半乳糖致衰老小鼠模型肠道菌群的调节具有一定的复杂性。

表7-4　Anosim组间差异分析

分组	R值	P值
ADS.M-ADS.T	-0.02722	0.629

续表

分组	*R*值	*P*值
ADS.C-ADS.T	0.1531	0.011
ADS.C-ADS.M	0.2009	0

　　组间差异物种分析结果见图7-13。如图7-13所示的*t*检验可以看出，*P*值0.025<0.05，厚壁菌门在ADS.C和ADS.T组间具有显著性。

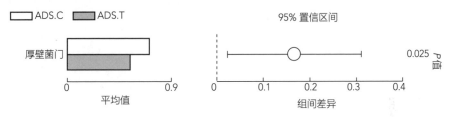

图7-13　*t*检验组间物种差异分析图

　　图7-14的差异物种丰度分布箱图表明，7个物种有组间的差异（因门水平没有显著性差异物种，因此展示的为纲水平具显著性差异top12的物种）。

　　LEfse（LDA effect size）分析可以获得组与组间显著性差异物种。如图7-15的*LDA*值分布柱状图所示，在ADS.C-ADS.T、ADS.C-ADS.M之间，均存在显著不同的物种。

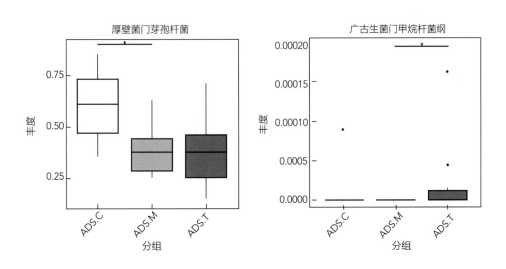

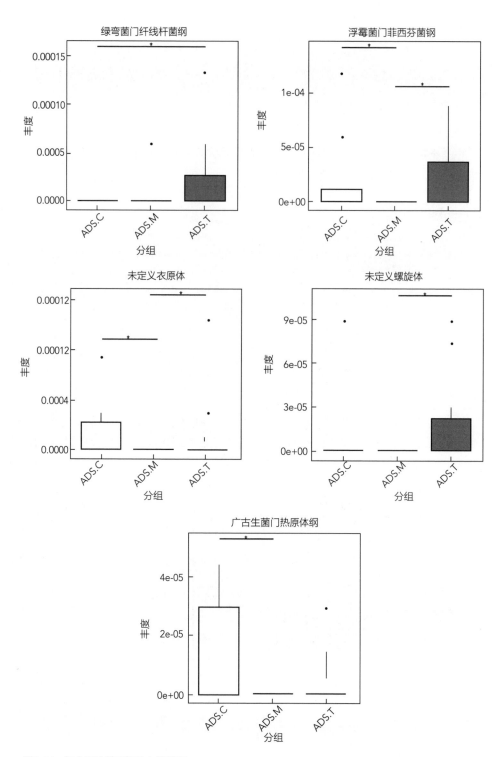

图7-14　纲水平的差异物种丰度箱图

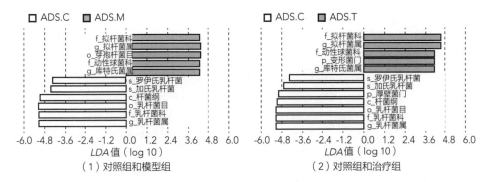

图7-15　LDA值分布柱状图

进化分支图结果见图7-16。在进化分支图中，由内至外辐射的圆圈代表了由门至属（或种）的分类级别。在不同分类级别上的每一个小圆圈代表该水平的一个分类，小圆圈直径大小与相对丰度大小呈正比。从图7-16可以看出来，ADS.C-ADS.T组分别在由门至属（或种）的不同。

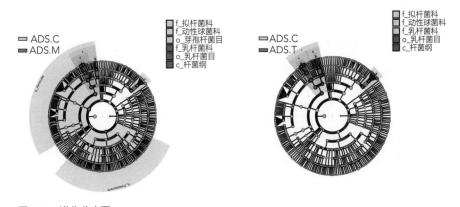

图7-16　进化分支图

共发生网络图可以看出不同因素对微生物适应性的影响，以及某种因素下占优势的物种、相互作用紧密的物种群。在属水平上，选取前100的肠道微生物进行相关系数计算，然后选取绝对值大于0.6且$P<0.05$的相关系数作为有效连接点进行网络图的绘制，如图7-17所示。图7-17表明了属水平的肠道微生物在网络图中的关系，呈现出微生物之间的关联性。

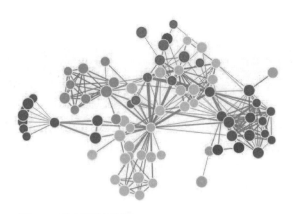

图7-17   动态网络图展示

注：不同节点代表不同属，节点大小代表该属的连接度（degree），同一种颜色代表同一门水平，
节点间的连线的粗细与物种相互作用的相关系数绝对值呈正相关。

四、小鼠肠道菌群丰度分析

菌群构成通过与数据库进行比对，对OTU进行物种分类并分别在门、纲、目、科、属几个分类等级上对各个样品作柱状图分析。肠道微生物种类繁多，健康的肠道中微生物从门的水平上可分为六大类，即厚壁菌门（Firmicutes）、拟杆菌门（Bacteroidetes）、变形菌门（Proteobacteria）、放线菌门（Actinobacteria）、梭杆菌门（Fusobacteria）和疣微菌门（Verrucomicrobia），其中90%以上由厚壁菌门和拟杆菌门构成。如图7-18所示，ADS.C、ADS.M和ADS.T组的肠道微生物群落有显著性差异。如图7-18所示，厚壁菌门在ADS.C组小鼠粪便菌群中的相对比例最高（70.88%），在ADS.M组（61.83%）、ADS.T组（54.20%）。拟杆菌门在ADS.C组中比例最低（23.77%），ADS.M组次之（32.67%），ADS.T组最高（34.45%）。ADS.C组的变形菌门1.66%，ADS.M组2.02%，ADS.T组3.77%。从门的水平上看，饲喂大鲵肽牡蛎多糖复合粉的D-半乳糖致衰老模型小鼠的肠道菌群可使厚壁菌门丰度降低，拟杆菌门、变形菌门丰度增加。

由图7-19可见，在纲的水平上，芽孢杆菌纲（Bacilli）、拟杆菌纲（Bacteroidia）、梭菌纲（Clostridia）、丹毒丝菌纲（Erysipelotrichia）是比例较高的菌纲。同时，它们也是拟杆菌门和厚壁菌门中的几个主要菌纲，实验结果表明，拟杆菌纲、丹毒丝菌纲的变化趋势和门中拟杆菌门和厚壁菌门的变化趋势相同，芽孢杆菌纲是厚壁菌门中的一个菌纲。结果表明，ADS.T组灌胃使芽孢杆菌纲丰度（39.2%）略有增加。丹毒丝菌纲丰度在ADS.M组最高，ADS.T组灌胃使丹毒丝菌纲丰度降低。苏含等研究饮水添加氯化钙对高脂日粮饲喂小鼠的肠道菌群的影响，也发现饮水添加氯化钙显著降低了丹毒丝菌纲丰度[30]。丹毒丝菌纲丰度的降低有助于恢复小鼠肠道菌群的健康结构。

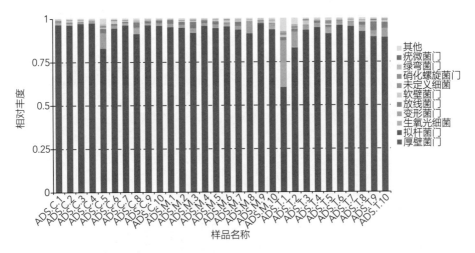

图7-18　门水平上的物种相对丰度柱形图

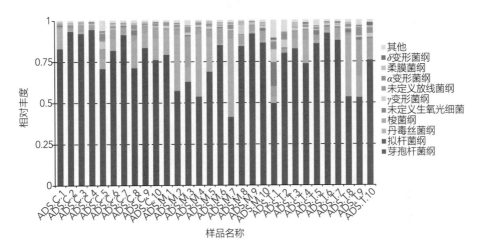

图7-19　纲水平上的物种相对丰度柱形图

　　如图7-20所示，在目的水平上，3组中乳杆菌目（Lactobacillales）、拟杆菌目（Bacteroidales）、丹毒丝菌目（Erysipelotrichales）、梭菌目（Clostridiales）、芽孢杆菌目（Bacillales）的比例最高。乳杆菌目在ADS.C组中比例最高（59.90%），在ADS.T组次之（35.61%），ADS.M组中比例最低（33.87%）；而拟杆菌目在ADS.C组中比例最低，在ADS.T组中比例最高，拟杆菌目在ADS.T组小鼠肠道中比例增加，表明大鲵肽牡蛎多糖复合粉能有效改善肠道菌群组成，使有益菌含量增加显著。丹毒丝菌目在ADS.C组中比例最少（6.80%），ADS.T组为（8.00%），ADS.M组比例最高达到（16.95%）。芽孢杆菌目在ADS.C组中比例最少（0.37%），ADS.T组为（3.68%），ADS.M组为

（4.79%），这表明衰老模型小鼠的肠道菌群中丹毒丝菌目和芽孢杆菌目是优势菌群。梭菌目在ADS.T组中比例最高，在ADS.M组次之，ADS.C组中比例最低。在本研究中，饲喂大鲵肽牡蛎多糖复合粉的D-半乳糖致衰老模型小鼠的肠道菌群可增加乳杆菌目、拟杆菌目、梭菌目丰度的比例。以往的报道标明，乳杆菌目、拟杆菌目、梭菌目丰度的比例的增加，是肠道菌群结构改善的标志[31]。

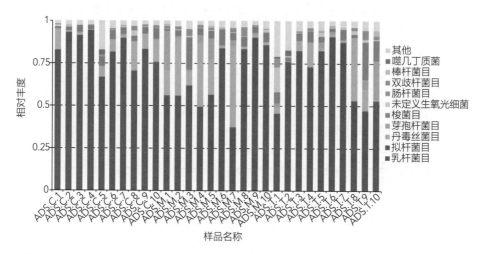

图7-20　目水平上的物种相对丰度柱形图

如图7-21所示，从科的水平上看，3组中乳杆菌科（Lactobacillaceae）、拟杆菌科（Bacteroidaceae）、鼠杆菌科（Muribaculaceae）、丹毒丝菌科（Erysipelotrichaceae）的比例最高；瘤胃菌科（Ruminococcaceae）、普雷沃菌科（Prevotellaceae）、动球菌科（Planococcaceae）的比例较低。其中乳杆菌科在ADS.C组最高（59.76%），在ADS.M组最低（33.4%），表明衰老会造成益生菌的显著下降。丹毒丝菌科在ADS.M组最高（16.95%），在ADS.C组最低（6.80%）、ADS.T组次之（8.00%）。丹毒丝菌科是一种与肠道炎症正相关的菌群，因此其丰度降低表明饲喂大鲵肽牡蛎多糖复合粉的D-半乳糖致衰老模型小鼠肠道菌群降低了炎症发生的可能性[32]。动球菌科在ADS.C组中含量为0.01%，而在ADS.M组和ADS.T组中为4.22%和2.57%，差异显著。本研究过程中，饲喂大鲵肽牡蛎多糖复合粉的D-半乳糖致衰老模型小鼠肠道菌群中动球菌科的丰度降低。

由图7-22所示，从属的水平上看，占比最高的是乳杆菌属（Lactobacillus），ADS.C组中丰度最高，达到59.75%，ADS.M组和ADS.T组中乳杆菌属丰度最低，分别为33.41%和34.38%。第二大占比最高的菌是杜氏杆菌属（Dubosiella），在

ADS.M组中丰度最高（14.18%），在ADS.T组中丰度最低（4.36%），而ADS.C组居中（5.85%）。饲喂大鲵肽牡蛎多糖复合粉的D-半乳糖致衰老模型小鼠肠道菌群中*Dubosiella*属丰度降低。周雪等研究口服肝素对小鼠肠道菌群的作用，得到了类似的结果，即口服肝素的小鼠肠道菌群中的*Dubosiella*属丰度降低[33]。除此之外，在ADS.C组中检测出微量库特菌属（*Kurthia*），而ADS.M组和ADS.T组中的库特菌属含量分别为4.11%和2.47%。

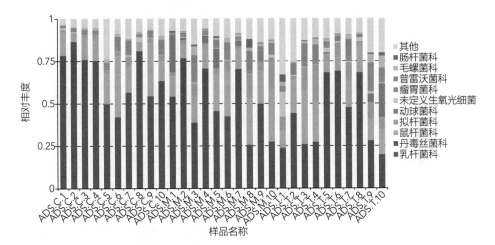

图7-21　科水平上的物种相对丰度柱形图

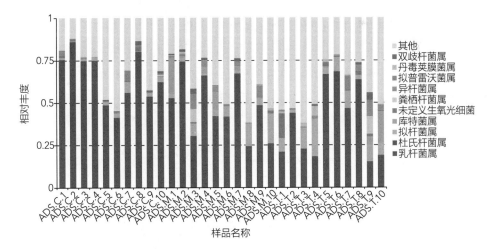

图7-22　属水平上的物种相对丰度柱形图

综上所述，饲喂大鲵肽牡蛎多糖复合粉对D-半乳糖致衰老小鼠肠道菌群产生了较大的影响，在门的水平上，厚壁菌门丰度降低，拟杆菌门、变形菌门丰度增加；在纲的水平上，芽孢杆菌纲、丹毒丝菌纲丰度显著降低；在目的水平上，乳杆菌目、拟杆菌目、梭菌目丰度增加；从科的水平上，乳杆菌科丰度增加，丹毒丝菌科、动球菌科丰度降低；在属的水平上，乳杆菌属丰度增加，杜氏杆菌属、库特菌属丰富降低。大鲵肽牡蛎多糖复合粉改变了肠道菌群的结构。

第三节 大鲵肽牡蛎多糖复合粉对小鼠粪便代谢组的影响

粪便中的代谢物是肠道菌群和宿主共同代谢的产物，因此，粪便代谢组可以间接反映出肠道菌群和宿主的代谢状况[34]。将小鼠粪便样本中的蛋白质除去，再将提取的上清液冻干，最后进行液相色谱串联质谱（LC-MS/MS）检测。通过色谱系统对样品进行分离，对分离后的样品在电喷雾电离（ESI）正、负离子模式下进行一级四极杆-飞行时间质谱检测，检测完之后通过一二级四极杆-飞行时间质谱对代谢物进行鉴定。将一级原始数据先转换格式、通过特定程序提取峰面积，保留时间；根据质荷比（*m/z*）、保留时间（*RT*）两个数据，将样本检测列表与代谢物鉴定结果进行匹配；对得到的数据进行标准化、归一化，然后使用软件进行单维、多维统计分析。

一、QC样本总离子流图（TIC）的比较

将QC样本总离子流图进行重叠比较，见图7-23，结果表明各个峰的保留时间和响应强度几乎重叠，说明在实验过程中仪器误差非常小。

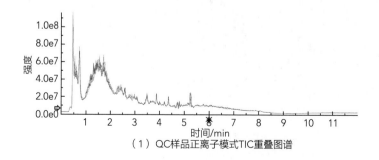

（1）QC样品正离子模式TIC重叠图谱

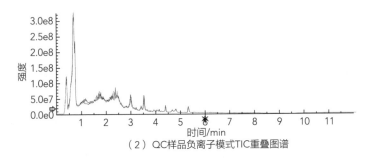

（2）QC样品负离子模式TIC重叠图谱

图7-23 TIC重叠图谱

总体样本主成分分析（PCA）结果见图7-24。如图7-24所示，正、负离子模式下QC样本紧密聚集在一起，表明此实验的平行性好。

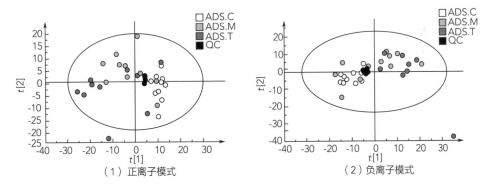

（1）正离子模式 （2）负离子模式

图7-24 正、负离子模式下样本的PCA得分图

综上所述，本次实验的仪器分析系统稳定性较好，所得的数据准确可靠。在实验中获得的代谢谱差异能反映样本间自身的生物学差异。

对QC样本进行Pearson相关性分析，结果见图7-25。如图7-25所示，相关系数均大于0.9表明相关性较好。

MCC是基于所有X变量的组合产生的一个多变量控制图，显示实验过程中随时间测量的数据并监测实验过程中发生的变化。MCC中的每个点表示一个QC样本。如图7-26所示，QC样本点均在正、负三个标准差范围内波动，说明仪器波动性较小，数据可以用于后续分析。

二、数据分析

从30个粪便样品鉴定到的大量代谢物中筛选出具有显著性差异的代谢物，并在此基

础上解释衰老对小鼠粪便代谢组学的影响及大鲵肽牡蛎多糖复合粉抗衰老的机制。主成
分分析得分图见图7-27。

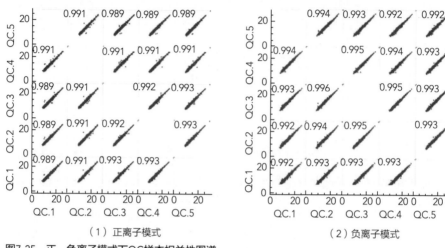

（1）正离子模式　　　　　　　　　　　　（2）负离子模式

图7-25　正、负离子模式下QC样本相关性图谱

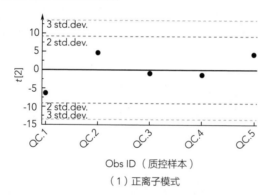

Obs ID（质控样本）

（1）正离子模式

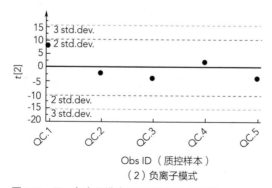

Obs ID（质控样本）

（2）负离子模式

图7-26　正、负离子模式下QC样本MCC图谱

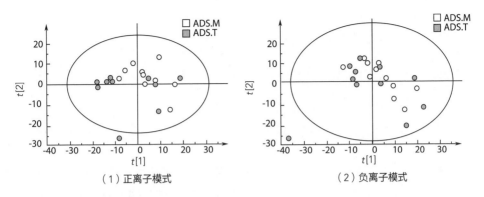

图7-27 正、负离子模式PCA得分图

PCA模型参数如表7-5所示，QC、T-M组的R^2_X均大于0.6，较为接近1，表明模型稳定可靠。

表7-5 PCA模型参数

样品分组	正离子模式			负离子模式		
	A	R^2_X/cum	Q^2/cum	A	R^2_X/cum	Q^2/cum
QC	7	0.698	0.236	7	0.677	0.125
ADS.T-ADS.M	4	0.605	0.130	4	0.605	0.105

PLS-DA模型得分图见图7-28，正、负离子模式的C组在第1主成分上较为紧密，且ADS.C、ADS.M两组的点分开较为明显。模型评价参数（R^2_Y，Q^2）见表7-6，M-C组的$R^2_Y > 0.9$，越接近1表明模型越稳定可靠；M-C组的$Q^2 > 0.5$，表明模型稳定可靠。

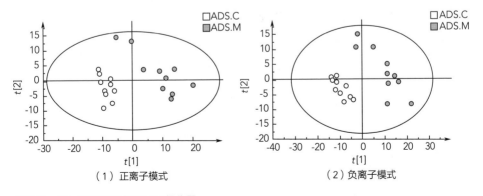

图7-28 正、负离子模式PLS-DA得分图

表7-6 PLS-DA模型的评价参数

样品分组	正离子模式			负离子模式			
	A	R^2_X/cum	R^2_Y/cum	Q^2/cum	A	R^2_X/cum	R^2_Y/cum	Q^2/cum
ADS.M-ADS.C	2	0.373	0.907	0.617	3	0.442	0.984	0.734

正交偏最小二乘判别分析（OPLS-DA）模型得分图见图7-29，同一组的点聚集到一起，不同组的点距离较远，说明组间差异明显。模型评价参数（R^2_Y，Q^2）见表7-7，ADS.M-ADS.C、ADS.T-ADS.M的R^2_Y均＞0.9，越接近1表明模型越稳定可靠；ADS.M-ADS.C的Q^2大于0.5说明模型稳定可靠，T-M组$0.3<Q^2≤0.5$说明模型稳定性较好。

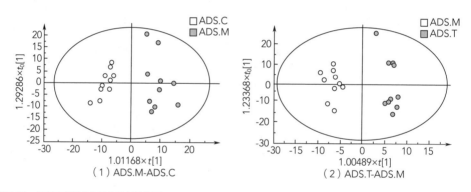

图7-29　正离子模式OPLS-DA得分图

表7-7 OPLS-DA模型的评价参数

样品分组	正离子模式					
	A	R^2_X	R^2_Y	Q^2	R_2截距	Q_2截距
ADS.M-ADS.C	1+1	0.373	0.907	0.74	0.74	-0.342
ADS.T-ADS.M	1+3	0.498	0.966	0.347	0.955	-0.378

如图7-30所示，所有的Q^2点从左到右均低于最右侧原始蓝色的Q^2点，表明模型稳健可靠未发生过拟合。

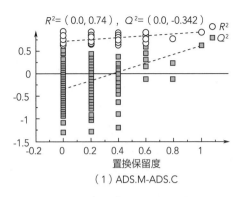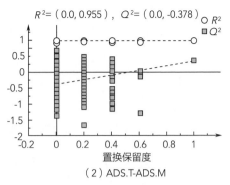

$R^2=$（0.0, 0.74），$Q^2=$（0.0, -0.342）

$R^2=$（0.0, 0.955），$Q^2=$（0.0, -0.378）

（1）ADS.M-ADS.C　　　　　　　（2）ADS.T-ADS.M

图7-30　正离子模式OPLS-DA置换检验

三、潜在生物标志物的分析

如表7-8所示是ADS.T与ADS.M相比的差异代谢物。在正离子模式中，组氨酰-缬氨酸（His-Val）、羟基十六烷酸（16-hydroxy hexadecanoic acid）、丙氨酰-亮氨酸（Ala-Leu）、N-乙酰尸胺（N-acetylcadaverine）、D-脯氨酸（D-proline）、L-瓜氨酸（L-citrulline）、N-乙酰腐胺（N-acetylputrescin）、2-氨基-2-甲基-1，3-丙二醇（2-amino-2-methyl-1，3-propanediol）、1-棕榈酰-2-羟基-sn-甘油-3-磷酸乙醇胺（1-palmitoyl-2-hydroxy-sn-glycero-3-phosphoethanolamine）、乙酰丙酸（levulinic acid）、异亮氨酰-丙氨酸（Ile-Ala）、二甲基-L-精氨酸［NG，NG-dimethyl-L-arginine（ADMA）］、sn-甘油-1-硬脂酰-3-磷脂酰胆碱（1-stearoyl-sn-glycerol 3-phosphocholine）、尿嘧啶（uracil）、5-甲基胞嘧啶（5-methylcytosine）、cis-9-棕榈油酸（cis-9-palmitoleic acid）、3-羟基-4-甲氧基肉桂酸（3-hydroxy-4-methoxycinnamic acid）、N^6-甲基腺嘌呤（N^6-Methyladenine）等18个代谢物极显著，β-高脯氨酸（beta-homoproline）、L-肉碱（L-carnitine）、β-雌二醇（beta-estradiol）、丝氨酰-异亮氨酸（Ser-Ile）、腺嘌呤（adenine）、6-羟多巴胺（6-hydroxydopamine）、二甲基氨基嘌呤（dimethylaminopurine）、N-（ω）-羟基精氨酸［N-（omega）-hydroxyarginine］、N-乙酰神经氨酸（N-acetylneuraminic acid）、吲哚酮（oxindole）、胆酸（cholic acid）、L-焦谷氨酰（L-pyroglutamic acid）、16-羟基棕榈酸（16-hydroxypalmitic acid）等13个代谢物显著差异。在负离子模式中，15-酮-前列腺素1（15-keto-PGE1）、2，3-二羟基-3-苯基丁酸（2，3-dihydroxy-3-methylbutyric acid）、L-乙酰肉碱（L-acetylcarnitine）、1-棕榈酰-2-羟-sn-甘油-3-磷酸乙醇胺（1-palmitoyl-2-hydroxy-sn-glycero-3-phosphoethanolamine）、D-脯氨酸（D-proline）、L-异亮氨酸（L-isoleucine）、甘油酸（glyceric acid）等7种代谢物有极显

著差异，丙酸（propionic acid）、腺嘌呤、羟基苯乳酸（hydroxyphenyllactic acid）、甲羟戊酸（mevalonic acid）、2-甲苯酸（2-methylbenzoic acid）、琥珀酸（succinate）、核糖醇（ribitol）、小柱孢酮（scytalone）、异丁酸（isobutyric acid）、DL-3-苯乳酸（DL-3-phenyllactic acid）等10种代谢物显著差异。

表7-8　ADS.T与ADS.M相比正、负离子模式显著差异代谢物

离子模式	加合物	化合物	VIP	倍数变化	P值	m/z	RT/s
ESI⁺	$(M+H-H_2O)^+$	组氨酰—缬氨酸	3.489	3.746	0.0088	237.132	132.682
	$(M+Na)^+$	16-羟基十六烷酸	2.679	0.620	0.0094	295.224	104.417
	$(M+H)^+$	丙氨酰-亮氨酸	1.347	2.534	0.0096	203.137	305.460
	$(M+H)^+$	N-乙酰尸胺	1.643	0.330	0.0111	145.132	54.435
	$(M+H)^+$	D-脯氨酸	5.887	1.621	0.0122	116.070	291.172
	$(M+H)^+$	L-瓜氨酸	1.870	1.760	0.0143	176.102	367.325
	$(M+H)^+$	N-乙酰腐胺	2.001	0.320	0.0143	131.117	82.163
	$(M+H-2H_2O)^+$	2-氨基-2-甲基-1，3-丙二醇	3.774	1.540	0.0147	70.066	291.172
	$(M+H)^+$	1-棕榈酰-2-羟基-sn-甘油-3-磷酸乙醇胺	4.415	0.609	0.0147	454.290	177.724
	$(M+CH_3CN+H)^+$	乙酰丙酸	1.608	3.198	0.0153	158.080	270.356
	$(M+H)^+$	异亮氨酰—丙氨酸	1.009	1.499	0.0196	203.138	221.025
	M^+	二甲基-L-精氨酸	13.099	3.631	0.0205	202.143	153.366
	$(M-H+2Na)^+$	sn-甘油-1-硬脂酰-3-磷脂酰胆碱	1.138	0.485	0.0233	568.335	161.939
	$(M+NH_4)^+$	尿嘧啶	1.082	1.869	0.0282	130.060	84.343
	$(M+H)^+$	5-甲基胞嘧啶	1.156	1.638	0.0369	126.065	174.317
	$(M+Na)^+$	cis-9-棕榈油酸	1.219	0.674	0.0371	277.214	103.568
	$(M+H)^+$	3-羟基-4-甲氧基肉桂酸	1.033	1.963	0.0426	195.064	146.807
	$(M+H)^+$	N^6-甲基腺嘌呤	1.891	1.917	0.0450	150.076	122.007
	$(M+H-H_2O)^+$	β-高脯氨酸	1.577	2.432	0.0517	112.074	34.699
	$(M+H)^+$	L-肉碱	2.665	1.604	0.0593	162.112	332.024
	$(M+H-2H_2O)^+$	β-雌二醇	2.287	3.273	0.0619	237.158	310.571

续表

离子模式	加合物	化合物	VIP	倍数变化	P值	m/z	RT/s
ESI⁻	（M+H）⁺	丝氨酰-异亮氨酸	1.183	1.298	0.0645	219.133	252.770
	（M+H）⁺	腺嘌呤	9.253	1.760	0.0647	136.061	149.841
	（M+H）⁺	6-羟多巴胺	1.341	7.185	0.0678	170.080	278.255
	（M+H）⁺	二甲基氨基嘌呤	2.628	2.562	0.0704	164.092	56.872
	（M+K）⁺	N-（ω）-羟基精氨酸	1.109	0.527	0.0831	229.069	309.137
	（M+H）⁺	N-乙酰神经氨酸	2.256	1.711	0.0844	310.111	360.532
	（M+H）⁺	吲哚酮	1.124	0.445	0.0915	134.059	38.670
	（M+NH₄）⁺	胆酸	4.284	1.905	0.0958	426.318	180.094
	（M+H）⁺	L-焦谷氨酸	1.316	1.356	0.0962	130.049	380.474
	（M+Na）⁺	16-羟基棕榈酸	2.318	0.752	0.0976	295.225	46.325
	（M-H₂O-H）⁻	15-酮-前列腺素E1	1.992	1.919	0.0016	333.206	118.791
	（M-H）⁻	2，3-二羟基-3-甲基丁酸	5.027	0.294	0.0061	133.051	114.586
	（M-H）⁻	L-乙酰肉碱	2.222	2.767	0.0121	202.108	254.529
	（M-H）⁻	1-棕榈酰-2-羟-sn-甘油-3-磷酸乙醇胺	3.722	0.635	0.0214	452.277	178.573
	（M-H）⁻	D-脯氨酸	2.912	1.587	0.0246	114.057	289.526
	（M-H）⁻	L-异亮氨酸	1.347	2.209	0.0334	130.087	293.369
	（M-H）⁻	甘油酸	1.322	1.883	0.0352	105.019	290.873
	（M-H）⁻	丙酸	2.225	0.627	0.0507	73.030	175.481
	（M-H）⁻	腺嘌呤	7.993	1.810	0.0534	134.048	149.216
	（M-H）⁻	羟基苯乳酸	2.457	1.558	0.0638	181.051	179.885
	（M-H）⁻	甲羟戊酸	1.686	0.708	0.0673	147.066	144.384
	（M-H）⁻	2-甲苯酸	1.633	0.587	0.0766	135.045	123.502
	（M-H）⁻	琥珀酸	1.744	0.728	0.0768	117.020	378.518
	（M-H₂O-H）⁻	核糖醇	1.014	0.482	0.0792	133.051	196.798
	（M-H）⁻	小柱孢酮	10.262	2.058	0.0792	193.051	147.867
	（M-H）⁻	异丁酸	9.586	0.532	0.0950	87.046	126.579
	（M-H）⁻	DL-3-苯乳酸	19.224	1.619	0.0991	165.056	112.242

　　肉碱是脂肪酸氧化过程中的关键物质，在生物体内广泛存在，尤其在心肌细胞的线粒体中较为丰富[35]。多种病理性原因，如衰老可以引发的线粒体功能障碍，导致肉碱类物质表达异常。与ADS.M组相比，ADS.T组的肉碱类物质L-肉碱、L-乙酰肉碱水平回调，表明线粒体的功能与结构的改善。胆固醇在肝细胞中代谢生成胆酸、鹅脱氧胆酸和次级胆汁酸胆酸。粪便中胆酸（cholic acid）水平回调，说明大鲵肽牡蛎多糖复合粉通过调控胆汁酸代谢以清除体内过多的胆固醇，调节脂肪堆积[36]。脯氨酸在体内参与精氨酸代谢，而精氨酸代谢产生的NO可以降低脂肪与糖原合成的相关基因表达[37]。饲喂大鲵肽牡蛎多糖复合粉小鼠体内脯氨酸水平回调，有助于调节脂肪的堆积。

　　前列腺素类物质在体内起着调节免疫细胞分化以及上调细胞因子的表达参与促炎、心血管疾病的发生[38]。饲喂大鲵肽牡蛎多糖复合粉小鼠增加了前列腺素的清除，降低了心血管疾病发生的风险。这一结果与陈可纯等研究的田黄方治疗高脂血症大鼠粪便代谢组学的结果相一致[39]。

　　机体在衰老过程中，心脑血管发生多种疾病，导致脂肪和糖的代谢异常。2型糖尿病是机体衰老过程中的常见疾病。

四、差异代谢物生物信息学分析

　　为了评价候选代谢物的合理性，同时更全面直观地显示样本之间的关系及代谢物在不同样本中的表达模式差异，利用定性的显著性差异代谢物的表达量对各组样本进行层次聚类（hierarchical clustering）。层次聚类分析，可以辅助准确筛选标志代谢物，并对相关代谢过程的改变进行研究。如图7-31所示正离子模式下ADS.T与ADS.M组显著差异代谢物层次聚类结果，颜色越红代表显著差异代谢物在该组样本中表达量越高。如图7-31所示，ADS.T组的显著差异代谢物多集中在图中左上方，ADS.M组的显著差异代谢物多集中在图中右下方。如图7-32所示正离子模式下ADS.T与ADS.M组显著差异代谢物层次聚类结果。如图7-32所示，ADS.T组的显著差异代谢物多集中在图中右上方，ADS.M组的显著差异代谢物多集中在图中左下方。

　　通过相关性分析可以帮助衡量显著性差异代谢物之间的相关密切程度，进一步了解生物状态变化过程中，代谢物之间的相互关系。颜色越蓝代表代谢物正相关度越高，颜色越红代表代谢物负相关度越高。如图7-33所示正离子模式显著性差异代谢物相关性分析结果。如图7-34所示负离子模式显著性差异代谢物相关性分析结果。

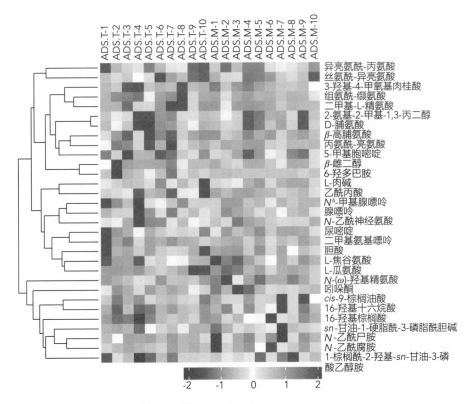

图7-31　正离子模式显著性差异代谢物层次聚类结果

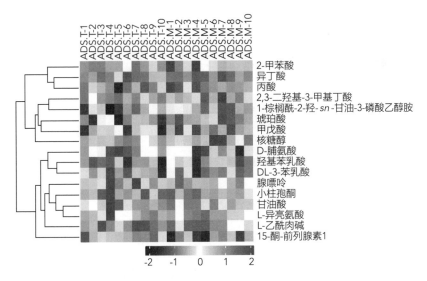

图7-32　负离子模式显著性差异代谢物层次聚类结果

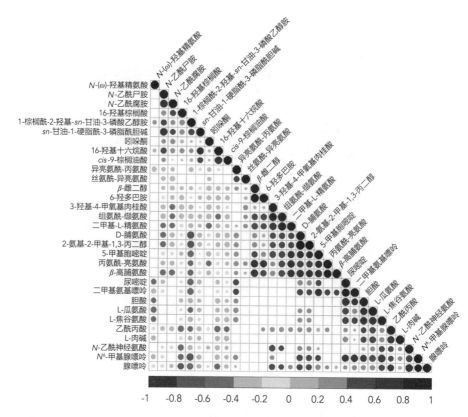

图7-33　正离子模式显著性差异代谢物相关性分析结果

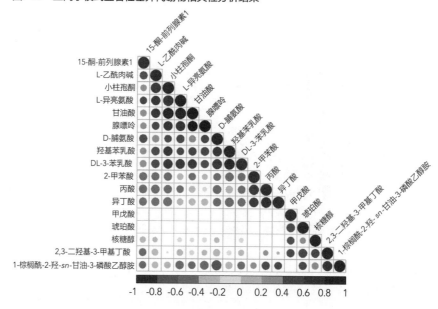

图7-34　负离子模式显著性差异代谢物相关性分析结果

基于HILIC UPLC-Q-TOF MS技术对小鼠粪便样本在代谢组学方面进行研究，发现在正离子模式，共有12种显著差异代谢物是ADS.M、ADS.T组共有的，其中6种在ADS.M组的表达量相对增多，6种在T组的表达量相对增多；在负离子模式，共有4种显著差异代谢物是ADS.M、ADS.T组共有的，其中3种在ADS.M组的表达量相对增多，1种在ADS.T组的表达量相对增多。衰老造成了小鼠遗传物质损伤、内皮功能失衡、胶原蛋白流失；大鲵肽牡蛎多糖复合粉在缓解衰老、促进营养物质、增强皮肤弹性、扩张血管、预防心血管疾病、维护肠道健康、抗肿瘤等方面具有的作用有积极的影响。

参考文献

［1］ Turnbaugh PJ，Ley RE，Hamady M，et al. The human microbiome project［J］. Nature，2007，449（7164）：804-810.

［2］ Rowland I，Gibson G，Heinken A，et al. Gut microbiota functions：Metabolism of nutrients and other food components［J］. European Journal of Nutrition，2018，57（1）：1-24.

［3］ Shetty SA，Hugenholtz F，Lahti L，et al. Intestinal microbiome landscaping：Insight in community assemblage and implications for microbial modulation strategies［J］. FEMS Microbiology Reviews，2017，41（2）：182-199.

［4］ 翟齐啸，陈卫. 膳食模式、肠道菌群与结直肠癌［J］. 肿瘤代谢与营养电子杂志，2021，8（2）：118-127.

［5］ 董文学，蒋雅琼，马利锋，等. 肠道菌群对尿酸代谢的影响［J］. 胃肠病学和肝病学杂志，2021，30（1）：55-59.

［6］ 胡世莲，方向. 肠道菌群与免疫的研究进展［J］. 中国临床保健杂志，2021，24（3）：294-300.

［7］ 牛晓丹，郭静波，王惠琳，等. 肠道菌群与衰弱关系的研究进展［J］. 基础医学与临床，2021，41（1）：108-111.

［8］ 竺越丽，张勤，杨云梅. 肠道菌群与衰老的研究进展［J］. 中国临床保健杂志，2021，24（3）：301-305.

［9］ 张琳琳. 肠道菌群与肥胖［J］. 浙江临床医学，2021，23（1）：146-148.

［10］ Lorenzo JM，Munekata PES，Gómez B，et al. Bioactive peptides as natural antioxidants in food products – A review［J］. Trends in Food Science & Technology，2018，79：136-147.

［11］ 王少平，姜珊，赵一慕，等. 土鳖虫生物活性肽对高脂血症大鼠肠道菌群调节作用研究

［J］. 中国药理学通报，2020，36（5）：621-626.

［12］明珠，陈庆森，刘雪姬，等. 乳源酪蛋白糖巨肽对溃疡性结肠炎小鼠肠道菌群多样性的影响［J］. 食品科学，2016，37（5）：154-161.

［13］王德平，王荣湖，张志聪，等. 五粮肽对乳猪生长性能和肠道菌群的影响［J］. 饲料广角，2013（18）：46-49.

［14］Ding Q，Yang D，Zhang W，et al. Antioxidant and anti-aging activities of the polysaccharide TLH-3 from *Tricholoma lobayense*［J］. International Journal of Biological Macromolecules，2016，85：133-140.

［15］Harman D. Aging：A theory based on free radical and radiation chemistry［J］. Journal of Gerontology，1956，11（3）：298-300.

［16］王津，刘爽，邹妍，等. 膳食纤维和肠道微生物及相关疾病的研究进展［J］. 食品研究与开发，2020，41（11）：201-207.

［17］孙琳，黎军，兰莉莉，等. 肠道菌群的影响因素［J］. 生命的化学，2019，39（6）：1133-1137.

［18］杨莉，葛武鹏，梁秀珍，等. 高通量测序技术研究不同喂养和分娩方式对不同月龄婴幼儿肠道菌群的影响［J］. 食品科学，2019，40（17）：208-215.

［19］田典哲，田虎. 肠道菌群与衰老关系的研究进展［J］. 世界最新医学信息文摘，2019，19（78）：28+31.

［20］王融，邵祎妍，林佳佳，等. 肠道菌群与益生菌在衰老及其调控中的研究与应用［J］. 生命科学，2019，31（1）：80-86.

［21］邱惠萍，姚水洪，卢伟力，等. 基于高通量测序的老年人肠道菌群多样性分析［J］. 中华微生物学和免疫学杂志，2020（4）：262-268.

［22］李娜丽，闫俊卿，魏锦，等. 肠道菌群与衰老相关疾病关系的研究进展［J］. 中国全科医学，2019，22（27）：3298-3301.

［23］刘蓉，栾春光，王德良，等. 基于高通量测序分析黄酒对d-半乳糖致衰老小鼠模型肠道微生物菌群的影响［J］. 食品与发酵工业，2020，46（2）：32-39.

［24］杨展. 衰老肠道微生态的变化及干预措施研究［D］. 北京：中国人民解放军军事医学科学院，2017.

［25］张梅梅. 黄酮类化合物抗氧化能力的比较及其对肠道菌群的调节作用［D］. 重庆：西南大学，2018.

［26］訾雨歌，徐越，肖瀛，等. 原花青素b_2对d-半乳糖模型小鼠肠道菌群的影响［J］. 食品科学，2019，40（9）：146-151.

［27］Shi X，Ma H，Tong C，et al. Hepatoprotective effect of a polysaccharide from *Crassostrea gigas* on acute and chronic models of liver injury［J］. International Journal of Biological Macromolecules，2015，78：142-148.

［28］Li B，Zhang X，Guo F，et al. Characterization of tetracycline resistant bacterial community in saline activated sludge using batch stress incubation with high-throughput sequencing analysis［J］. Water Research，2013，47（13）：4207-4216.

［29］Noval RM，Burton OT，Wise P，et al. A microbiota signature associated with experimental food allergy promotes allergic sensitization and anaphylaxis［J］. Journal of Allergy and Clinical Immunology，2013，131（1）：201-212.

［30］苏含，张枫琳，宋敏，等. 饮水添加氯化钙对高脂日粮饲喂小鼠脂肪沉积和肠道菌群的影响［J］. 华南农业大学学报，2019，40（3）：1-5.

［31］于海宁，黄海勇，李冉，等. 胆碱膳食应激小鼠肠道菌群及代谢［J］. 浙江工业大学学报，2019，47（6）：679-684.

［32］饶文婷，罗尚菲，张雅心，等. 阿魏酸对高脂血症小鼠肝脂肪变性及肠道菌群的调节作用［J］. 中国实验动物学报，2020，28（1）：36-42.

［33］周雪，王怡，何东，等. 口服肝素与小鼠肠道菌群的相互作用［J］. 生物工程学报，2019，35（9）：1736-1749.

［34］Zeng H，Grapov D，Jackson M I，et al. Integrating multiple analytical datasets to compare metabolite profiles of mouse colonic-cecal contents and feces［J］. Metabolites，2015，5（3）：489-501.

［35］钟森杰，李静，邱宏，等. 参麦注射液对高血压心衰大鼠粪便代谢组学的影响［J］. 中国中医基础医学杂志，2021，27（3）：418-422.

［36］高利娥，李文苑，马莹，等. 降胆固醇乳酸菌对高脂日粮大鼠肠道代谢产物及胆汁酸代谢的研究［J］. 微生物学杂志，2020，40（1）：67-75.

［37］Hannun Y A，Obeid L M. Principles of bioactive lipid signalling：Lessons from sphingolipids［J］. Nature Reviews Molecular Cell Biology，2008，9（2）：139-150.

［38］林明辉，余鹰. 前列腺素代谢与心血管疾病［J］. 生命科学，2013. 25（2）：198-205.

［39］陈可纯，罗朵生，郭姣. 田黄方治疗高脂血症大鼠粪便代谢组学研究［J］. 中药药理与临床，2018，34（5）：100-104.

第八章

大鲵低聚糖肽

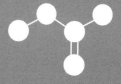

第一节 大鲵体表黏液

黏液分泌是两栖动物常见的一种生理现象。两栖动物黏液附着在体表，起着润滑、湿润、防御等重要作用。大鲵皮肤表面具有丰富的黏液腺和颗粒腺，颗粒腺分泌大量乳白色液体，黏液腺分泌的水样透明液，并且皮肤腺收缩时可排出腺腔中的黏蛋白，能保持皮肤湿润。大鲵在长期进化过程中，皮肤分泌了大量分子结构特殊、功能复杂多样的生物活性分子，形成了非特异免疫防御机制，以对抗外源性病原体的侵袭。

大鲵皮肤受到刺激，可以分泌乳白色液体黏液（图8-1）。Guo等利用电刺激的方法从成体大鲵（1.5~2.5kg）中收集了大鲵黏液，电刺激最大电压20V，刺激时间为1~2min[1, 2]。

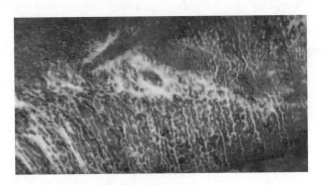

图8-1　电刺激大鲵皮肤生成的黏液

大鲵黏液在不同的乙醇浓度中溶解度的变化见图8-2，可以看出大鲵黏液在乙醇浓度较低时，溶解度较小，在乙醇浓度达到70%（体积分数）时，浓度略有上升；同样，在EDTA、EDTA/ME（甲醇）中，大鲵黏液溶解度略有增加[3]。

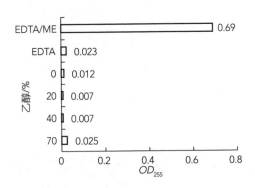

图8-2　大鲵黏液溶解特性[3]

　　研究表明，大鲵体表黏液属于糖蛋白，是一种可以利用的生物资源。早在2010年，陈德经就对大鲵黏液、皮肤、肌肉的氨基酸组成进行了分析研究，发现黏液中7种必需氨基酸含量达34.49%[4]。这表明，大鲵黏液具备制备大鲵低聚糖肽的物质基础。

第二节　大鲵低聚糖肽的制备

　　对于大鲵糖肽的制备来讲，酶技术的应用是关键。不同的酶具有不同的酶解位点，可以得到大小、活性不同的寡肽。利用 *Aspergillus* sp.酸性蛋白酶酶解大鲵体表黏液，获得了大鲵低聚糖肽。在不同pH条件下，*Aspergillus* sp.酸性蛋白酶酶解大鲵黏液时的糖肽得率结果见图8-3，随着pH增加，可溶性肽得率降低，在pH 1.5处，*Aspergillus* sp.酸性蛋白酶酶解大鲵黏液获得的肽得率最高[5]。

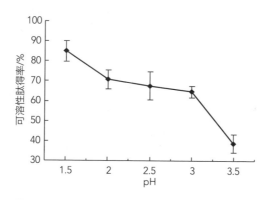

图8-3　pH对 *Aspergillus* sp.酸性蛋白酶酶解大鲵黏液的影响[5]

　　在不同E/S时，*Aspergillus* sp.酸性蛋白酶酶解大鲵黏液时的糖肽得率结果见图8-4，随着加酶量的增加，肽得率增加，当酶与底物的质量比为0.29%时，肽得率为59%，之后随着E/S的增加仅有少量的肽得率增加[5]。

　　在不同温度下，*Aspergillus* sp.酸性蛋白酶酶解大鲵黏液的肽得率，结果见图8-5，55℃时水解得到的肽得率最大，为48%[5]。

　　不同酶解时间对 *Aspergillus* sp.酸性蛋白酶酶解大鲵黏液的肽得率的影响，结果见图8-6，在酶解时间达到3h，肽得率达到最高为69%[5]。

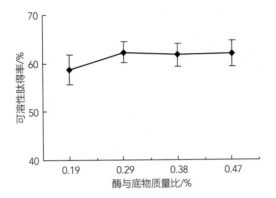

图8-4　不同加酶量与底物的比例对*Aspergillus* sp.酸性蛋白酶酶解大鲵黏液的影响[5]

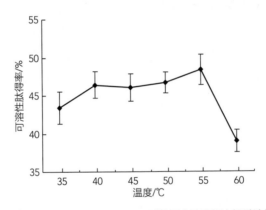

图8-5　温度对*Aspergillus* sp.酸性蛋白酶酶解大鲵黏液的影响[5]

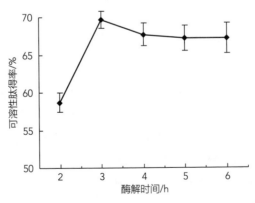

图8-6　酶解时间对*Aspergillus* sp.酸性蛋白酶酶解大鲵黏液的影响[5]

　　选取酶解温度、pH、酶解时间、酶/底物（E/S）比值等4个因素，各设3个水平，$L_9(3^4)$ 正交*Aspergillus* sp.酸性蛋白酶酶解大鲵黏液实验设计见表8-1，确定最佳酶解条件[5]。

表8-1　*Aspergillus* sp.酸性蛋白酶酶解大鲵黏液条件优化因素水平表[5]

水平	因素			
	A	B	C	D
1	1.5	45	2.5	0.29
2	2.0	50	3.0	0.38
3	2.5	55	3.5	0.47

注：A：pH；B：温度（℃）；C：酶解时间（h）；D：E/S比值。

如表8-2所示，各因素对*Aspergillus* sp.酸性蛋白酶酶解大鲵黏液影响大小顺序为 C>D>B>A，即：酶解时间>E/S>温度>pH，最优水平为$C_2D_3B_3A_1$，即*Aspergillus* sp.酸性蛋白酶酶解大鲵黏液最优酶解条件为：55℃，pH 1.5，E/S比值0.47%（质量比），酶解时间3h，在最优酶解条件下酶解大鲵黏液的肽得率为78.36%[5]。

表8-2　*Aspergillus* sp.酸性蛋白酶酶解大鲵黏液正交实验结果[5]

序号	因素				肽得率/%
	pH	温度/℃	时间/h	E/S比值/%	
1	1（1.5）	1（45）	1（2.5）	1（0.29）	66.33
2	1	2（50）	2（3.0）	2（0.38）	71.76
3	1	3（55）	3（3.5）	3（0.47）	74.84
4	2（2.0）	1	2	3	72.83
5	2	2	3	1	65.13
6	2	3	1	2	67.89
7	3（2.5）	1	3	2	70.11
8	3	2	1	3	68.70
9	3	3	2	1	73.45
K_1	212.83	209.27	202.92	204.91	
K_2	205.85	205.50	217.95	209.67	
K_3	212.26	216.17	210.07	216.36	
R	6.98	10.67	15.03	11.45	

获得的大鲵黏液酶解液进行冻干。为了提高酶解液冻干效率，考察了大鲵黏液酶解液溶液温度下降与电阻变化的曲线见图8-7。溶液在冻结过程中，经历三个阶段，即晶核形成、大冰晶成长及共晶区形成。在共晶区形成时，大鲵酶解液逐渐全部冻结，电阻值突然升高。由于大鲵酶解液电阻值发生突变发生在一个温度范围内，选取电阻变化大于5MΩ/℃为共晶区上限温度，电阻变化小于1MΩ/℃为共晶区下限温度。如图8-7所示，大鲵酶解液的共晶点为-3.6℃。测定共晶点大鲵酶解物溶液浓度为9.4mg/mL。由于浓度与共晶点温度成反比，因此大鲵酶解液较低浓度，导致其共晶点较高。同时，冷冻干燥工艺中，预冻结温度比共晶点温渡低5~10℃能量消耗最小，所以，大鲵酶解液在-13.6~-8.6℃进行预冻结，所需能量较少[6]。

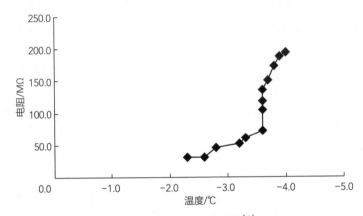

图8-7   大鲵黏液酶解液温度下降与电阻变化曲线[6]

将大鲵黏液酶解液冻结后，在室温下融化，收集融化的溶液，发现随着固相逐渐融化成液相，液体中溶质的含量呈现由高到低的趋势，结果见图8-8，大鲵黏液酶解液在缓慢冻结过程中，首先是水分子结成冰晶，而在冰晶成长过程中夹带溶质的量则是逐渐增加，因此可以通冷冻浓缩，使溶液中溶质含量增加，提高真空冷冻干燥速率[6]。

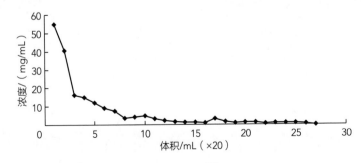

图8-8   大鲵黏液酶解液融化过程浓度变化[6]

在-4℃时，搅拌大鲵黏液酶解液，则溶液中不断有冰晶析出，如图8-9所示，未冻结前大鲵黏液酶解液浓度较低，而经过搅拌有冰晶析出时，溶液中大鲵黏液酶解液浓度有上升的趋势，但搅拌速度对浓缩效果影响不大，析出的冰晶融化后的浓度低于原始溶液浓度，因此冷冻浓缩方法可以提高大鲵黏液酶解液的浓度[6]。

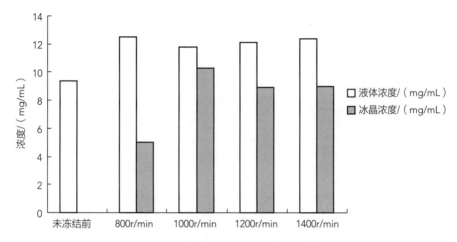

图8-9　不同搅拌速度下冷冻过程中大鲵黏液酶解液与冰晶中溶质的量[6]

金桥等进一步研究大鲵黏液酶解产物的纯化的HPLC体系，采用三氟乙酰（TFA）、乙腈和甲醇混合液设计实验方法，利用具有确定组成的多元混合溶剂的多重选择性，来对一个分析任务进行分离条件的优化，首先选择3种具有确定组成的二元混合溶剂流动相，构成等边三角形的三个顶点，各点混合溶剂的体积分数组成如下[7]：

A点，V（0.1% TFA）=100；

B点，V（乙腈）：V（0.1% TFA）=30：70；

C点，V（甲醇）：V（0.1% TFA）=40：60。

在A、B、C三种流动相中进行样品分析，图谱见图8-10。如图8-10所示，在A、B、C点流动相组成下，不能实现样品组分的分离，因此可选择三角形各边上的中点（固定组成的三元混合溶剂）以及中心点（固定组成的四元混合溶剂）所对应的流动相中，进行上述样品分析。各点组成如下[7]：

D点，V（乙腈）：V（0.1% TFA）=15：85；

E点，V（甲醇）：V（0.1% TFA）=20：80；

F点，V（乙腈）：V（甲醇）：V（0.1%TFA）=15：20：65；

G点，V（乙腈）：V（甲醇）：V（0.1%TFA）=10：13：77。

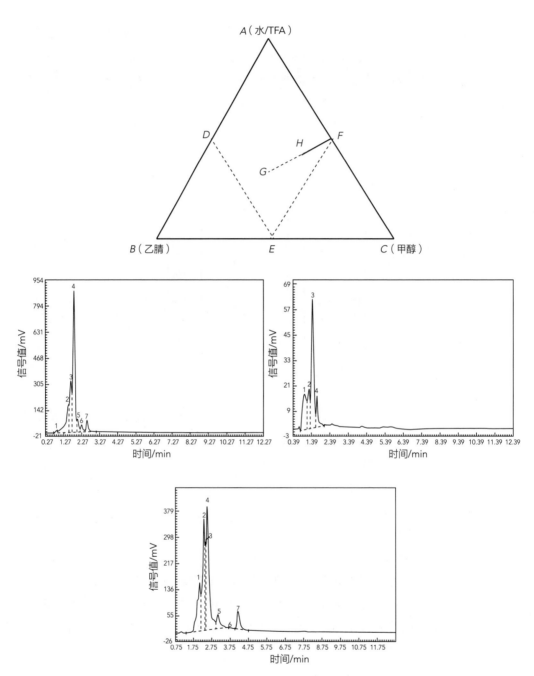

图8-10 A、B、C三点顺序优化对应的图谱[7]

D、E、F、G、H顺序优化对应的图谱见图8-11。由图可以看到，在D、E、F、G点流动相组成下，样品组分不能完全分离。但通过7个点的图谱分析，可以看出F、G两点虽然没有将样品组分完全分离开，但其重合峰较少，并且样品各组分都有显现，因此应在两点之间去寻求实现样品组分完全分离的最佳混合溶剂的配比，经实验确定，H点可获得较好的分离结果[7]。H点的组成为：

　　V（乙腈）∶V（甲醇）∶V（0.1%TFA）=5∶5∶90。从图中可见，H点流动相组成下，大鲵黏液酶解产物中各成分已经达到了较好的分离效果[7]。

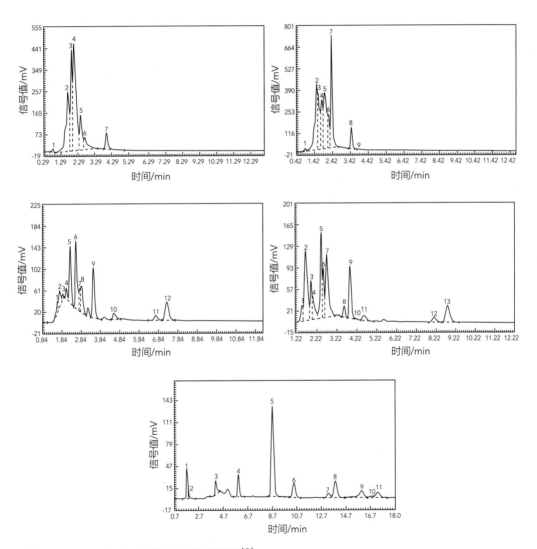

图8-11　D、E、F、G、H顺序优化对应的图谱[7]

第三节 ▶ 大鲵低聚糖肽的结构

采用Qu等方法，通过*Aspergillus* sp.酸性蛋白酶酶解大鲵黏液获得的大鲵黏液酶解产物，其特性如表8-3所示，所获得的酶解产物为浅灰色粉末（图8-12），其相对分子质量为小于3500的糖肽。

表8-3 ▶ 大鲵体表黏液酶解产物特性

项目	规格	备注
颜色	浅灰色粉末	—
气味	轻微特征气味	—
相对分子质量	小于3500	平均相对分子质量
颗粒度/目	≥100	—
水分/%	<10	—
灰分/%	<1	灰分法检测（600℃灼烧4h）
pH	4.5~5.5	1g大鲵格力素加入99mL蒸馏水中，搅拌（15min）溶解后检测
含量/%	≥85	—
铅含量/（mg/kg）	≤5	—
汞含量/（mg/kg）	≤3	—
砷含量/（mg/kg）	≤3	—

图8-12 大鲵体表黏液酶解产物冻干粉

　　而大鲵体表黏液酶解产物随着乙醇浓度的增加，溶解度降低。如图8-13所示，其在水、EDTA、EDTA/ME（甲醇）中，溶解度较好[3]。

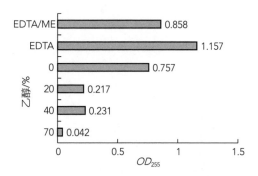

图8-13　大鲵黏液酶解产物溶解度[3]

　　经化学方法测定大鲵黏液酶解产物的基本组成结果见表8-4。大鲵黏液酶解产物总蛋白含量较高为80.01%，总糖含量为15.15%。总糖中盐酸氨基葡萄糖最高，半乳糖醛酸其次，之后依次为葡萄糖醛酸和唾液酸，分别占大鲵低聚糖肽3.39%、2.45%、0.65%、0.60%，占总糖含量的22.38%、16.17%、4.29%和3.69%。经测定大鲵低聚糖肽中不含硫酸糖[3]。因此，大鲵黏液酶解产物是低聚糖肽。

表8-4　大鲵低聚糖肽的基本组成[3]　　　　　　　　　　　　　　　　　　　　　　　单位：%

总糖	总蛋白	氨基葡萄糖	葡萄糖醛酸	半乳糖醛酸	唾液酸
15.15	80.01	3.39	0.65	2.45	0.6

　　大鲵低聚糖肽的氨基酸组成与大鲵黏液基本相同。大鲵低聚糖肽的时间飞行质谱见图8-14，大鲵黏液酶解液的m/z在小于4000的区域，主要有1172.3、1378.4、1436.3、1551.2、1694.9、1866.3、1981.0、2081.3、2200.7、2534.2、2929.2、3133.0、3326.0、3553.5、3907.2，根据含糖量及氨基酸残基相对分子质量可知，获得的寡肽含有氨基酸残基数为7~24个[8]。

　　对大鲵低聚糖肽进行Nano-ESI-MS/MS分析，串联质谱图经Micromass专用软件处理后，用Spectrum List通过Mascot查询NCBI、SWISSPROT等数据库，经MasSeq软件分析，得到3个序列为：KAPILSDSSCKSC、KLQGTVSWGSGCQAKNC和VVHSLVQVTANKVMVRM。分析肽序列主要目的是分析得到的肽序列与肽数据库（http://www.ncbi.nlm.nih.gov/BLAST/）中已有肽数据的同源性。分析表明获得的三个肽序列与肽数据库中肽无同源性[3]。

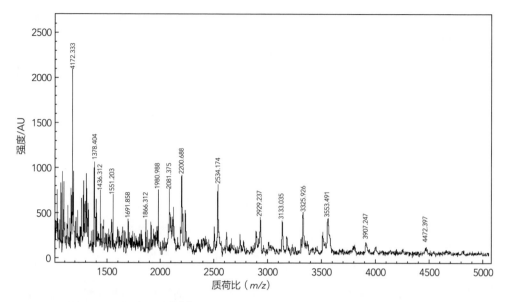

图8-14　大鲵低聚糖肽时间飞行质谱[8]

从大鲵低聚糖肽红外光谱（图8-15）中可以看出，3275.2、1653.3、1454.9cm⁻¹显示结构中存在酰胺官能团；3063.8cm⁻¹显示有咪唑官能团；2962.3、1402.3cm⁻¹为羟基特征峰。红外光谱反映出蛋白质结构中的肽键、咪唑环以及糖链上的羟基[3]。

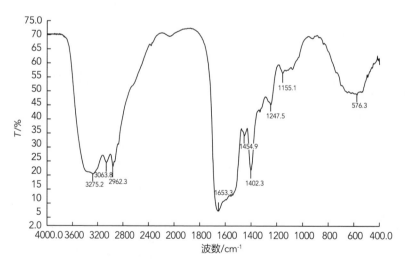

图8-15　大鲵低聚糖肽红外图谱[3]

为了解糖链与蛋白质的连接方式，进行了β-消旋反应。β-消旋反应前后大鲵低聚糖肽紫外吸收图谱见图8-16，在240nm处β-消旋反应后大鲵低聚糖肽紫外吸收显著增强，说明大鲵低聚糖肽中存在O-连接糖肽键[9]。

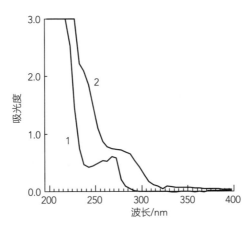

1—β-消旋反应前大鲵低聚糖肽紫外吸收曲线；2—β-消旋反应后大鲵低聚糖肽紫外吸收曲线。

图8-16　大鲵低聚糖肽β-消除反应前后紫外扫描图谱[9]

从血凝活性测试上也可验证了大鲵低聚糖肽中存在O-连接糖肽键。从图8-17（1）可以看出，在血红细胞中加海绵凝集素CAL（可以专一识别O-连接糖肽键），血红细胞出现凝集现象。因为血细胞表面受体与凝集素结合。图8-17（2）为对照组，血红细胞未发生凝集现象。图8-17（3）为在血红细胞中加CAL，同时加入大鲵低聚糖肽，看出血红细胞未发生凝集现象。这是因为大鲵低聚糖肽与凝集素结合，阻碍了凝集素与血红细胞表面受体的结合。这从另一方面证明了大鲵低聚糖肽中存在O-连接糖肽键[9]。

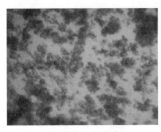  

（1）加入凝集素　　　　　　　（2）不加凝集素　　　　　（3）加入大鲵低聚糖肽与凝集素

图8-17　血红细胞凝集测试[9]

通过对大鲵低聚糖肽中糖链连接类型实验检测，得出糖的半缩醛羟基和含有羟基的氨基酸（丝氨酸、苏氨酸、羟基赖氨酸等）以O-糖苷键结合，由于苏氨酸含量较高，可以确定该糖肽由苏氨酸与β-D-N-乙酰氨基半乳糖形成的α-O-糖苷键形式糖肽，连接方式如图8-18所示[3]。

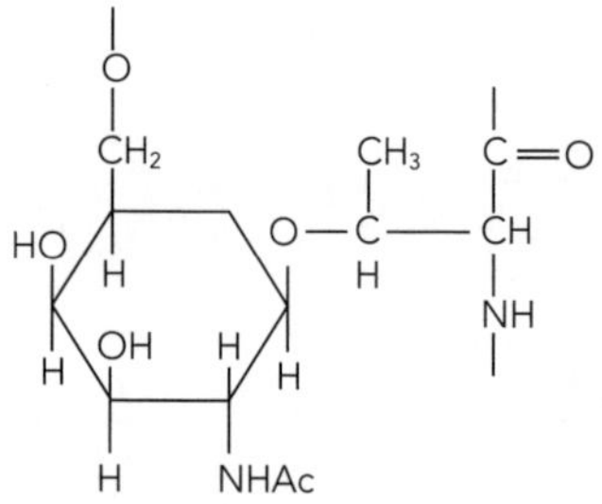

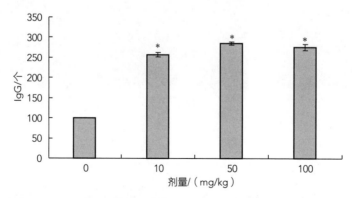

图8-18　大鲵低聚糖肽O-连接的化学式

Kong等利用HPLC（NH₂，150mm×4.6mm ID）从大鲵糖肽中分离出15个糖链化合物，这表明有15种糖链与肽相连接[10]。

第四节　大鲵低聚糖肽免疫活性

曲敏等利用昆明种小鼠研究了不同剂量的大鲵低聚糖肽对小鼠免疫功能的影响[11]。大鲵低聚糖肽连续灌胃8d，与对照组相比，低、中、高剂量组小鼠血清中免疫球蛋白 G（IgG）数量差异显著（$P<0.05$），其中50mg/kg剂量组高出对照组的1.5倍（图8-19）。IgG起着激活补体，中和多种毒素的作用，同时它也是反应机体免疫状态的重要指标。大鲵低聚糖肽可以显著增加小鼠的IgG数量。因此，它具有对正常小鼠体液免疫功能的促进作用[11]。

图8-19　小鼠脾细胞中的IgG值[11]

注：*为$P<0.05$。

　　大鲵低聚糖肽对小鼠连续灌胃8d后，各剂量组吞噬鸡红细胞的巨噬细胞数显著增多。计数200个巨噬细胞，其中50mg/kg剂量组吞噬鸡红细胞的巨噬细胞数达133个（图8-20）。大鲵低聚糖肽具有提高小鼠巨噬细胞吞噬鸡红细胞的功能[11]。

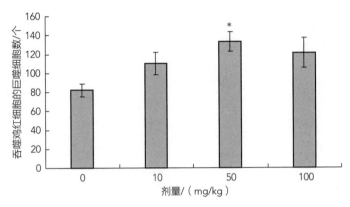

图8-20　小鼠吞噬鸡红细胞的巨噬细胞数（计数200个巨噬细胞）[11]

注：*为$P<0.05$。

　　从图8-21可以看出，大鲵低聚糖肽连续灌胃8d后50mg/kg剂量组醋酸萘酯酶（ANAE）阳性率显著高于对照组（$P<0.05$），即大鲵低聚糖肽能增强小鼠的细胞免疫功能。ANAE是T淋巴细胞溶酶体中重要的非特异性同工酶。ANAE阳性率反映T淋巴细胞免疫水平。大鲵体表黏液主要由蛋白质和寡糖链组成[5]。具有O-糖苷键结构的大鲵低聚糖肽增强免疫的机制还有待进一步研究。

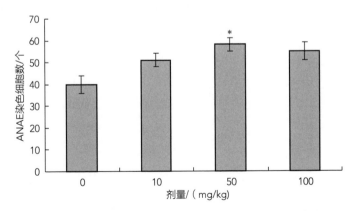

图8-21　小鼠T淋巴细胞ANAE染色数（计数200个T淋巴细胞）[11]

注：*为$P<0.05$。

第五节 大鲵低聚糖肽体外抗氧化活性

曲敏研究了大鲵低聚糖肽体外抗氧化活性。大鲵低聚糖肽清除羟基自由基（·OH）结果见图8-22，随着大鲵低聚糖肽浓度的升高，其清除羟基自由基的能力逐渐增强，浓度为0.1mg/mL时，其清除率达到43.25%，随着浓度从0.1mg/mL当浓度达到0.5mg/mL时，清除率达到50.34%，清除率增加很慢，当浓度达到1mg/mL时，其清除率达到54.69%[3]。

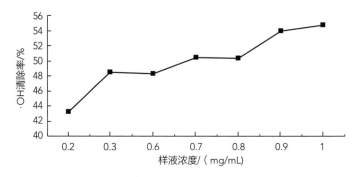

图8-22　大鲵低聚糖肽对羟基自由基（·OH）的清除率[3]

大鲵低聚糖肽清除2，2-二苯基-1-若肼基自由基（DPPH·）结果见图8-23，随着大鲵低聚糖肽浓度的不断升高，其清除DPPH·的活性的逐渐增强，当浓度为0.1mg/mL时，其清除率为9.77%，当浓度达到0.5mg/mL时，清除率达到50%以上，当浓度达到1mg/mL时，其清除率为92.25%，大鲵低聚糖肽对DPPH·清除率的IC_{50}为0.5mg/mL[3]。

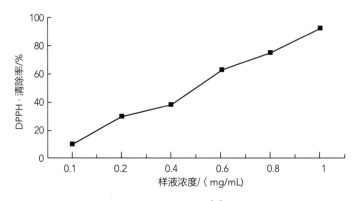

图8-23　大鲵低聚糖肽对DPPH·的清除率[3]

　　大鲵低聚糖肽清除超氧阴离子自由基（$\cdot O_2^-$）结果见图8-24，随着大鲵低聚糖肽浓度的升高，其清除超氧阴离子自由基的活性的逐渐增强，当浓度为0.1mg/mL时，其清除率为8.29%，当浓度达到0.5mg/mL时，清除率达到22.03%，加大浓度其清除羟基自由基活性的能力不断上升且逐渐趋于平缓，当浓度达到1mg/mL时，其清除率为52%[3]。

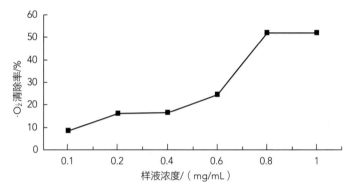

图8-24　大鲵低聚糖肽对超氧阴离子自由基（$\cdot O_2^-$）的清除率[3]

第六节　大鲵低聚糖肽血管紧张素转换酶抑制活性

　　血管紧张素转换酶（angiotesin-converting enzyme，ACE）是一种多功能的二肽羧肽酶。其作用于无活性的血管紧张素Ⅰ使其变为有活性的血管紧张素Ⅱ，进而引起血管收缩，引发高血压。通过底物马尿酸-L-组氨酸-L-亮氨酸可以检测ACE的活性。在ACE的抑制剂作用下，底物马尿酸-L-组氨酸-L-亮氨酸不被ACE水解，进而可以筛选ACE的抑制剂。采用HPLC方法检测大鲵低聚糖肽对ACE的抑制活性，结果见表8-5，大鲵低聚糖肽在40mg/mL时对ACE抑制活性最高，达90.82%，因此大鲵低聚糖肽具有较好的ACE抑制活性，是一种潜在的抗高血压活性物质的来源[3]。

表8-5　大鲵低聚糖肽对ACE的抑制活性[3]

浓度/（mg/mL）	马尿酸出峰时间/min	峰面积	抑制率/%
0	4.98	4183.33	0
10	15.88	1018.37	75.66
20	25.85	507.00	87.88
40	37.51	383.97	90.82

第七节 大鲵低聚糖肽抗疲劳作用

　　李伟等利用小鼠进行了大鲵低聚糖肽（GSGPs）抗疲劳作用实验，结果见表8-6，对照组小鼠的平均体重为30.7g，服用大鲵低聚糖肽低浓度组的小鼠平均体重为26.9g，而高浓度组小鼠的平均体重为24.5g，实验组的体重比对照组减轻约20%，说明大鲵低聚糖肽具有一定减轻体重的作用。从游泳的数据分析可知，对照组小鼠游泳竭力的时间为3.5min，GSGPs的低浓度组小鼠的游泳竭力时间增加到7.5min，时间增加与对照组相比差异不显著，说明低浓度组的抗疲劳效果不明显。而大鲵低聚糖肽高浓度组小鼠的游泳竭力增加到78.5min，小鼠游泳竭力的时间显著延长，说明大鲵低聚糖肽抗疲劳效果明显增强，因此大鲵低聚糖肽能延缓运动性疲劳出现的时间[3]。

表8-6　小鼠体重和游泳时间指标[8]

指标	灌胃大鲵低聚糖肽 100mg/kg（bw）	灌胃大鲵低聚糖肽 150mg/kg（bw）	对照组
平均体重/g	26.9	24.5	30.7
游泳时间/min	7.5±2.5	78.5±3.2	3.5±1.2

　　如表8-7所示，在小鼠负重游泳竭力后，服用低浓度低聚糖肽组的肝糖原浓度比对照组增加30mg/mL，服用高浓度低聚糖肽的小鼠比对照组小鼠的肝糖原浓度增加了100mg/mL，增加率达到30.3%，高浓度低聚糖肽组肝糖原显著增加，服用低浓度低聚糖肽小鼠的肌乳酸浓度比空白组减少了8mg/mL，而服用高浓度的小鼠的肌乳酸浓度减少了43.2mg/mL，减少率为39.2%；服用低浓度低聚糖肽小鼠血液中尿素的浓度比对照组少了13mg/mL，而服用高浓度的减少了26mg/mL，减少率高达68.4%。高浓度低聚糖肽组尿素含量、肌乳酸含量显著减少，说明大鲵低聚糖肽具有抵抗机体疲劳的作用[3]。

表8-7　负重游泳小鼠的各项生化指标的变化[3,8]　　　　　　　　　　　单位：mg/mL

指标	灌胃大鲵低聚糖肽 100mg/kg（bw）	灌胃大鲵低聚糖肽 150mg/kg（bw）	对照组
尿素含量	25±3.36	12±2.42	38±5.96
肝糖原含量	390±22.52	430±15.48	330±18.45
肌乳酸含量	100±14.23	64.8±8.51	108±11.37

第八节　大鲵低聚糖肽抗紫外线能力

选昆明种雄性小鼠45只，体重（22±2）g，随机分成空白对照组、模型组和大鲵低聚糖肽组，每组15只。空白对照组、模型组涂抹食用植物油，每只单耳给0.3mL。大鲵低聚糖肽组涂抹0.3mL（含0.1g）。除空白对照组外，将其余2组水平固定在铁架上并置于距紫外灯垂直距离10cm处，照射40h后断脊处死，分别取两耳9mm直径的圆形耳片，精确称其质量，计算小鼠耳指数=耳片质量/小鼠质量[3]。

以小鼠皮肤紫外线损伤的炎症模型为实验对象，利用小鼠耳指数为指标可以分析大鲵黏液低聚糖肽对紫外射伤小鼠产生水肿的抑制作用。模型组小鼠的耳朵皮肤被灼伤并出现水肿，耳朵增大增厚，与对照组相比差异显著。大鲵低聚糖肽组与模型组小鼠耳指数差异显著。涂抹大鲵低聚糖肽的小鼠耳指数（耳片质量/小鼠质量）与未进行紫外线损伤照射的涂抹食用植物油的小鼠耳指数无显著性差异（$P<0.05$）（表8-8），研究结果表明，涂抹大鲵黏液低聚糖肽能够有效抵抗紫外线水肿的发生，对小鼠耳部皮肤紫外损伤具有一定的保护作用[3]。

表8-8　紫外线射伤小鼠耳指数测定结果[3]

组别	涂抹剂量/mL	小鼠耳指数/（mg/g）
对照组	0.5	3.65±1.56
模型组	0.5	8.78±3.72
GSGPs组	0.5	3.39±2.49

注：对照组是未进行紫外线损伤照射的小鼠，涂抹食用植物油的小鼠耳指数结果；模型组是进行紫外线损伤照射的小鼠，涂抹食用植物油的小鼠耳指数结果；GSGPs组是进行紫外线损伤照射的小鼠，涂抹GSGPs的小鼠耳指数结果。

第九节　大鲵低聚糖肽对CCl_4导致小鼠肝损伤的保护作用

曲敏等研究了大鲵低聚糖肽对小鼠CCl_4急性肝损伤的保护作用[12]。实验结果见表8-9，腹腔注射CCl_4可引起小鼠急性肝损伤，模型组血清谷丙转氨酶（ALT）、谷草转氨酶（AST）活性明显高于对照组（$P<0.01$），表明造模成功。大鲵低聚糖肽的各剂量组ALT、AST的含量显著低于模型组（$P<0.01$），且含量几乎达到对照组的水平，所以中、高剂量组的大鲵低聚糖肽可显著抑制由CCl_4造成的血清ALT、

AST活性升高。结果表明大鲵低聚糖肽对由CCl_4引起的小鼠急性肝损伤有一定的保护作用[12]。

表8-9 大鲵低聚糖肽对CCl_4致肝损伤小鼠的影响[12]

组别	剂量/ （mg/kg·d）	ALT/ （U/L）	AST/ （U/L）	MDA/ （nmol/mg）	SOD/ （U/mg）
对照组	—	100.11±15.26[d]	16.26±7.25[d]	27.11±3.46[d]	37.19±4.15[d]
模型组CCl_4	—	270.01±22.75[b]	67.42±5.69[b]	69.34±5.64[b]	26.42±2.26[b]
CCl_4+联苯双酯	200	115.66±8.37[bd]	36.71±4.32[bd]	27.53±2.87[d]	31.89±3.49[bc]
CCl_4+大鲵低聚糖肽低	200	222.40±16.59[bd]	47.62±7.26[bd]	40.15±6.13[bd]	24.66±3.18[bc]
CCl_4+大鲵低聚糖肽中	400	160.97±25.24[bd]	27.51±2.61[bd]	32.64±4.15[bd]	43.11±3.24[bd]
CCl_4+大鲵低聚糖肽高	800	145.89±22.31[bd]	28.89±4.57[bd]	25.47±2.28[d]	43.52±5.63[bd]

注：与对照组相比，a：$P<0.05$，b：$P<0.01$；与模型组相比，c：$P<0.05$，d：$P<0.01$。

CCl_4模型组造成小鼠机体的MDA含量比空白组显著升高（$P<0.01$），而大鲵低聚糖肽各剂量组MDA含量显著低于模型组（$P<0.01$），而高剂量组的MDA含量低于对照组，所以灌喂大鲵低聚糖肽的小鼠抗自由基的能力大大提高。模型组SOD活性与对照组相比显著降低（$P<0.01$），而大鲵低聚糖肽中高剂量组的SOD含量显著高于模型组和对照组（$P<0.01$），所以灌喂大鲵低聚糖肽可以使小鼠体内的自由基显著降低。故大鲵低聚糖肽高低剂量组小鼠体内MDA含量显著降低，并且提高肝中SOD活性[12]。

正常组织肝小叶结构清晰，肝细胞索状排列规则，肝细胞结构及形态正常。CCl_4模型组肝细胞明显肿胀变形，肝细胞索紊乱，伴有炎症细胞浸润。大鲵低聚糖肽低、中、高剂量组的肝细胞索排列整齐，肝细胞排列规则，较模型组损伤明显减轻。光镜检查结果表明，大鲵低聚糖肽能明显减轻CCl_4对肝组织的急性损伤（图8-25）[12]。

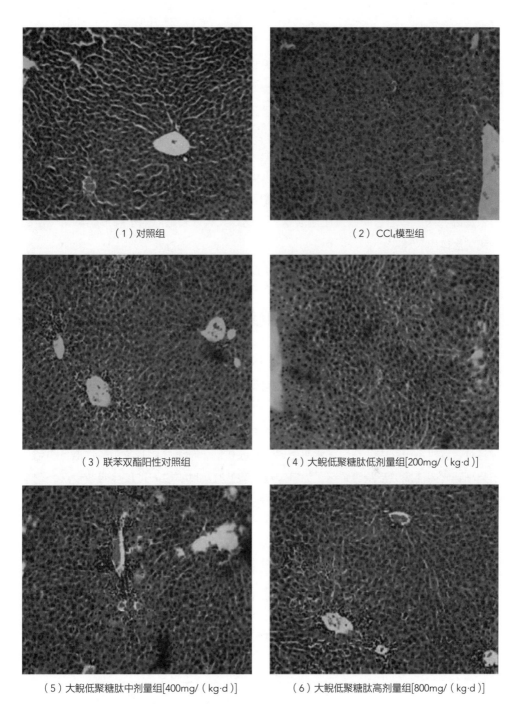

（1）对照组　　　　　　　　　　　　　　　　　（2）CCl₄模型组

（3）联苯双酯阳性对照组　　　　　　　　（4）大鲵低聚糖肽低剂量组[200mg/（kg·d）]

（5）大鲵低聚糖肽中剂量组[400mg/（kg·d）]　　　　（6）大鲵低聚糖肽高剂量组[800mg/（kg·d）]

图8-25　大鲵低聚糖肽对CCl₄诱导的化学性肝损伤小鼠肝组织的组织病理影响（HE，×100）[12]

　　糖肽具有的护肝作用可以从三个方面进行解释。其一，糖肽能够有效清除自由基，防止自由基对肝细胞进行攻击，使肝细胞发生脂质过氧化，达到对肝损害保护的目的。其二，降低ALT、AST，抑制细胞色素酶P450活性，阻断自由基的产生，减轻由于过氧化而引起的肝细胞膜、线粒体、溶酶体损伤导致的肝细胞坏死，降低转氨酶，达到减轻肝损伤的效果；其三，人体免疫系统是人体生理调节系统重要的组成部分。多种疾病比如：肝炎症、红斑狼疮、糖尿病、痛风、肿瘤等的发生，都与免疫能力减弱、免疫功能紊乱有着密切的关系。糖肽能够促进免疫细胞DNA的合成，增强免疫应答，明显增殖脾细胞及T细胞，有效提高机体免疫功能。全面提高机体免疫能力，有效提高肝病患者治愈率以及生活质量。因此，大鲵低聚糖肽对于肝损伤具有一定保护和防治作用[12]。

第十节　大鲵低聚糖肽与细胞相互作用

一、大鲵低聚糖肽与Caco-2细胞的相互作用

　　Caco-2（人结肠腺癌）细胞模型是一种体外药物筛选模型，广泛用于评价小肠吸收和各种转运机制研究中。在分子水平上研究吸收机制，预测体内吸收和药物相互作用，研究小肠代谢情况以及跨膜转运。为了观察大鲵低聚糖肽被Caco-2细胞吸收情况，测定了异硫氰荧光素（FITC）-大鲵低聚糖肽紫外光谱，结果见图8-26，FITC-大鲵低聚糖肽在波长为210nm下的吸收峰最高[3]。

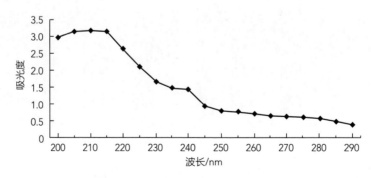

图8-26　大鲵低聚糖肽-FITC紫外光谱[3]

在荧光显微镜下观察到细胞发出黄绿色荧光，如图8-27所示，说明FITC-大鲵低聚糖肽进入Caco-2细胞中，40倍下荧光显微镜下，Caco-2细胞有的较亮，有的却较暗，说明细胞吸收FITC-大鲵低聚糖肽速率可能不一样，也可能吸收量也是不一样的[3]。

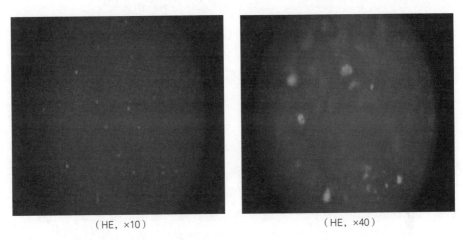

（HE，×10）　　　　　　　（HE，×40）

图8-27　FITC-大鲵低聚糖肽与Caco-2细胞的相互作用[3]

二、大鲵低聚糖肽与HaCaT细胞的相互作用

人正常皮肤（HaCaT）细胞模型具有人正常的皮肤上皮结构，模拟人的皮肤细胞广泛应用于研究化妆品对于皮肤受损的修复以及紫外线保护作用等。四氮唑蓝比色法（MTT法）表明，大鲵低聚糖肽促进HaCaT细胞的生长（图8-28）。HaCaT细胞在

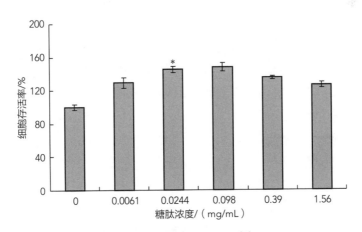

图8-28　大鲵低聚糖肽对HaCaT细胞生长的影响[3]

注：*为$P<0.05$。

大鲵低聚糖肽浓度0.098mg/mL中培养72h的存活率，是对照组的145%。大鲵低聚糖肽0.0244mg/mL、0.098mg/mL浓度组与对照组相比具有显著性差异（$P<0.05$）。对于糖肽促有丝分裂作用来说，研究较少。糖肽是糖蛋白的片段。糖肽如何结合到细胞表面，信号如何传导到细胞内产生的促细胞有丝分裂作用还有待深入研究[3]。

第十一节　大鲵低聚糖肽安全性研究

将大鲵低聚糖肽以无菌水配制成0.1g/mL。ICR小鼠20只，雌雄各半，于第一次给药前禁食12h，不限制饮水。采用灌胃途径给药。小鼠按20g/kg（bw）给以无菌水配制的大鲵低聚糖肽溶液。24h内给药3次，每两次间隔8h。给药结束后观察7d。实验结束后全部小鼠脱颈处死，解剖检查心、肝、脾、肺、肾的病理变化。急性毒性实验结果表明，大鲵低聚糖肽整个急性毒性实验过程中小鼠未出现死亡，未见毒性不良反应。实验结束时剖检结果也未见病理变化。为了灌胃，在满足流动性前提下，配制最大药物浓度0.1g/mL。结果显示大鲵低聚糖肽对ICR种雌、雄小鼠的急性经口毒性耐受剂量在11764.7mg/kg（bw）时，未见毒性反应。因此，大鲵低聚糖肽属于实际无毒级物质[13]。

选ICR小鼠50只，随机分成5组。设置3个剂量组，高剂量设置为10g/kg（bw），中剂量设置为5g/kg（bw），低剂量设置为2.5g/kg（bw），按20mL/kg（bw）灌胃；实验同时设置溶剂对照组、环磷酰胺阳性对照组［40mg/kg（bw），腹腔注射］。采用30h给予受试物法，即两次给予受试物间隔24h，末次给予受食物后6h，脱颈处死动物，制备骨髓标本。取胸骨或股骨，止血钳挤出骨髓液与玻片一端的小牛血清混匀，常规涂片，涂片自然干燥后放入甲醇固定5~10min，保存或继续后续染色。固定好的片子放入Giemsa染色工作液中，染色10~15min，立即用pH 6.8的磷酸盐缓冲液或蒸馏水冲洗、晾干。写好标签，阴凉处保存，或直接镜检。阅片采用双盲法，计数每只动物200个红细胞中的嗜多染红细胞（PCE），计算其所占比例；每只动物观察计数2000个嗜多染红细胞中微核细胞数，微核发生率以百分率计。结果如表8-10所示，阳性对照组与溶剂对照组相比有极显著统计学差异（$P<0.01$），阳性对照成立；大鲵低聚糖肽各剂量嗜多染红细胞百分比未少于溶剂对照组的20%，表明大鲵低聚糖肽在实验剂量下无明显细胞毒性；大鲵低聚糖肽各剂量组的微核发生率与溶剂对照组相比，均无统计学差异（$P>0.05$），提示大鲵低聚糖肽对小鼠骨髓细胞无致微核作用[13]。

表8-10 大鲵低聚糖肽对小鼠骨髓微核发生率的影响（$\bar{x} \pm SD$）[13]

性别	剂量/[g/kg（bw）]	动物数/只	嗜多染红细胞（PCE）		微核		
			观察红细胞数/个	PCE/%	观察PCE/（个/只）	微核数/个	微核率/%
雌	0.0	5	200	53.4±3.3	2000	1.8±0.8	0.09±0.04
	2.5	5	200	50.6±2.1	2000	1.4±0.9	0.07±0.05
	5.0	5	200	49.0±2.1	2000	1.8±1.1	0.09±0.06
	10.0	5	200	52.8±2.6	2000	1.6±0.9	0.08±0.05
	40mg/kg（bw）（CP）	5	200	49.4±2.0	2000	21.8±4.5**	1.09±0.22**
雄	0.0	5	200	53.2±2.2	2000	1.8±0.8	0.09±0.04
	2.5	5	200	50.0±1.2	2000	1.4±0.6	0.07±0.03
	5.0	5	200	51.4±3.3	2000	1.8±1.3	0.09±0.07
	10.0	5	200	52.4±2.6	2000	1.6±0.6	0.08±0.03
	40mg/kg（bw）（CP）	5	200	52.8±4.1	2000	23.2±4.2**	1.16±0.21**

注：**表示与溶剂对照组相比，$P<0.01$。

设置3个大鲵低聚糖肽剂量组，即高剂量设置为10g/[kg（bw）·d]，中剂量设置为5g/[kg（bw）·d]，低剂量设置为2.5g/[kg（bw）·d]，相当于人体（60kg体重）每天吃1851.85g、925.93g和277.78g的大鲵低聚糖肽。各剂量组大鼠喂养过程中进食、活动均正常，生长发育良好，无中毒及死亡现象。实验结果表明，大鼠体质量、增重、进食量和食物利用率与阴性对照比较，差异无统计学意义（$P>0.05$）（表8-11）。各剂量组的血液学指标、功能指标和肝、脾脏器系数，差异无统计学意义（$P>0.05$）（表8-12、表8-13、表8-14）。解剖及病理检查，未见有异常及病理学改变。这表明，大鲵低聚糖肽对大鼠无损害作用。因此，在本研究的剂量范围内大鲵低聚糖肽毒理学是安全的，可以进一步开发大鲵低聚糖肽在食品及药品领域的应用[13]。

表8-11 大鲵低聚糖肽对大鼠体质量增长和食物利用率的影响（$\bar{x} \pm SD$）[13]

大鼠性别	剂量/{g/[kg（bw）·d]}	动物数/只	初重/g	终末体重/g	增重/g	进食量/g	食物利用率/%
雌	0	10	74.2±2.3	233.0±11.1	158.8±10.8	552.5±17.4	28.8±2.7
	2.5	10	73.5±2.7	226.2±21.7	152.6±20.4	545.9±22.0	28.0±4.2

续表

大鼠性别	剂量/{g/[kg(bw)·d]}	动物数/只	初重/g	终末体重/g	增重/g	进食量/g	食物利用率/%
雌	5	10	72.6±3.6	233.2±15.4	160.6±13.0	579.7±16.0	27.8±2.7
	10	10	75.2±3.0	231.9±15.2	156.6±14.3	547.1±26.1	28.8±3.7
雄	0	10	80.1±4.1	326.3±19.7	246.2±17.3	652.1±17.3	37.7±2.4
	2.5	10	79.0±3.1	328.6±16.7	249.6±16.2	649.3±18.2	38.5±2.7
	5	10	80.1±4.1	345.0±12.1	264.9±13.7	675.3±25.2	39.3±2.0
	10	10	81.4±3.9	339.1±18.9	257.7±16.6	638.0±19.2	40.4±2.9

表8-12 大鲵低聚糖肽对大鼠部分血常规指标的影响（$\bar{x}±SD$）[13]

血常规指标	雌性{大鲵低聚糖肽g/[kg(bw)·d]}				雄性{大鲵低聚糖肽g/[kg(bw)·d]}			
	阴性	低剂量	中剂量	高剂量	阴性	低剂量	中剂量	高剂量
白细胞计数（×10⁹/L）	7.5±0.8	8.4±1.7	9.4±2.6	7.7±1.3	8.8±1.3	8.3±1.1	7.9±1.2	7.8±1.3
红细胞计数（×10¹²/L）	7.2±0.5	7.2±0.3	7.1±0.4	7.3±0.4	7.8±0.7	7.8±0.7	7.5±0.7	7.9±0.4
血红蛋白/（g/L）	144±6	146±4	145±4	145±4	150±3	151±3.8	152±5	149±6
淋巴细胞/%	87.9±5.0	86.7±3.2	85.5±2.7	85.2±2.9	86.6±2.6	86.6±3.5	85.3±3.1	87.1±2.0
中性粒细胞/%	9.7±3.2	10.1±4.0	9.0±1.6	11.5±2.2	9.9±1.9	8.7±1.6	8.3±1.6	9.2±2.0
单核细胞/%	2.3±0.6	2.8±0.7	2.9±0.7	2.2±0.7	2.9±1.2	3.0±0.5	3.3±1.3	2.5±0.9
嗜酸性细胞/%	0.7±0.3	0.8±0.4	0.8±0.3	0.5±0.4	0.6±0.3	0.7±0.4	0.7±0.3	0.6±0.3
嗜碱性细胞/%	0.1±0.1	0.2±0.1	0.2±0.1	0.2±0.1	0.2±0.1	0.2±0.1	0.2±0.1	0.2±0.1

表8-13 大鲵低聚糖肽对大鼠肝功能的影响（$\bar{x}±SD$）[13]

大鼠性别	剂量/{g/[kg(bw)·d]}	动物数/只	谷丙转氨酶/（U/L）	谷草转氨酶/（U/L）	总蛋白/（g/L）	白蛋白/（g/L）
雌	0	10	31±7	105±21	55.2±2.4	35.2±1.9
	2.5	10	29±5	97±20	54.8±2.7	35.7±1.4

续表

大鼠性别	剂量/{ g/[kg (bw)·d]}	动物数/只	谷丙转氨酶/(U/L)	谷草转氨酶/(U/L)	总蛋白/(g/L)	白蛋白/(g/L)
雌	5	10	26±6	98±22	56.9±2.3	34.8±1.8
	10	10	25±7	98±20	52.6±2.1	33.6±1.6
雄	0	10	44±9	162±26	47.9±2.5	32.7±1.4
	2.5	10	43±10	163±25	48.5±2.3	31.8±1.2
	5	10	39±6	149±28	51.2±2.1	31.2±1.3
	10	10	35±4	140±21	50.1±1.9	33.4±1.1

表8-14　大鲵低聚糖肽对大鼠肝脏及脾脏重量的影响（$\bar{x}±SD$）[13]

大鼠性别	剂量/{ g/[kg (bw)·d]}	动物数/只	停食后体质量/g	肝重/g	肝/体质量/%	脾重/g	脾/体/%
雌	0	10	233.0±11.1	8.44±0.97	3.62±0.39	0.59±0.10	0.26±0.05
	2.5	10	226.2±21.7	8.38±1.60	3.71±0.64	0.64±0.10	0.29±0.05
	5	10	233.2±15.4	8.66±1.36	3.71±0.52	0.60±0.10	0.26±0.04
	10	10	231.9±15.2	8.46±0.59	3.66±0.30	0.62±0.12	0.27±0.04
雄	0	10	326.3±19.7	12.30±1.49	3.78±0.44	0.93±0.15	0.28±0.04
	2.5	10	328.6±16.7	12.52±1.72	3.81±0.47	0.94±0.11	0.29±0.03
	5	10	345.0±12.1	13.24±1.12	3.84±0.30	0.91±0.19	0.26±0.05
	10	10	339.1±18.9	13.07±1.50	3.85±0.30	0.90±0.16	0.27±0.03

参考文献

[1] Guo W, Ao M, Li W, et al. Major biological activities of the skin secretion of the Chinese giant salamander, *Andrias davidianus* [J]. Zeitschrift für Naturforschung C, 2012, 67（1-2）: 86-92.

[2] Tyler MJ, Stone DJM, Bowie JH. A novel method for the release and collection of dermal, glandular secretions from the skin of frogs [J]. J Pharmacol Toxicol

Methods，1992，28（4）：199-200.

［3］ 曲敏.大鲵黏液低聚糖肽的制备、性质和生物活性及应用研究［D］.沈阳：沈阳农业大学，2012.

［4］ 陈德经.大鲵黏液、皮肤及肉中氨基酸分析［J］.食品科学，2010，31（18）：375-376.

［5］ Qu M，Wang W，Li W，et al. Preparation and characterization of skin secretion hydrolysates from giant salamander（*Andrias davidianus*）［C］. In 2011 International Conference on New Technology of Agricultural，2011，Zibo，China.

［6］ 佟长青，王文莉，李伟，等.大鲵糖肽溶液共晶点及冷冻浓缩过程研究［J］.广州化工，2011，39（5）：113-114.

［7］ 金桥，魏芳，佟长青，等.大鲵糖肽组分的高效液相色谱分析及其抗氧化活性研究［J］.北京农学院学报，2011，26（1）：27-29.

［8］ 李伟，于新莹，佟长青，等.大鲵黏液酶解产物的制备及其抗疲劳作用研究［J］.食品工业科技，2011，32（6）：146-148+151.

［9］ 冯叙桥，曲敏，于新莹，等.大鲵低聚糖肽性质初步研究［J］.食品工业科技，2012，33（6）：128-131.

［10］ Kong L，Wu X，Luo B，et al. Glycoprptides isolated from skin glands secretion of *Andrias davidianus*［J］. Glycobiology，2010，20（11）：1503.

［11］ 曲敏，闫欣，李伟，等.大鲵低聚糖肽对小鼠免疫功能调节作用的研究［J］.北京农学院学报，2012，27（1）：42-44.

［12］ 曲敏，田丽冉，佟长青，等.大鲵低聚糖肽对四氯化碳致小鼠急性肝损伤的保护作用［J］.食品工业科技，2013，34（14）：350-352+369.

［13］ 姜万维，余睿智，曲敏，等.大鲵低聚糖肽安全性的毒理学初步研究［J］.食品安全质量检测学报，2017，8（3）：917-922.

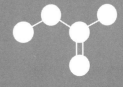

大鲵具有多种的生物活性物质，自古以来就被誉为"水中人参"。随着现代生物技术的发展，以大鲵肉及体表黏液为原料通过定向酶解技术及酶膜反应技术获得了大鲵活性肽及大鲵低聚糖肽，后续一系列研究揭示出它们发挥生物活性的作用机制。这些研究结果为将它们应用于食品、保健食品、特殊医学用途食品、化妆品以及药品领域提供了重要的基础数据。下面介绍几种大鲵活性肽及大鲵低聚糖肽产品开发的过程。

第一节　大鲵活性肽面条

面条是我国的传统面食之一，深受人们的喜爱。将生物活性物质加入到面条中，制备出健康食品已经成为了一个趋势。雷雪梅等研究了将葡萄叶粉加入到面条中的生产工艺，期望获得一种富含膳食纤维、白藜芦醇和黄酮等营养物质的面条[1]。刘培等研究了一种黄秋葵面条，期望获得一种具有抗氧化活性的面条[2]。江明等研究了天麻苦瓜面条的加工工艺，期望获得可以发挥天麻、苦瓜的功能性成分的面条[3]。还有许多添加了生物活性物质的面条被报道出来，但是这些研究集中在制备工艺以及面条的品质方面，未针对面条熟制过程中，添加的活性物质活性变化进行研究。

为了获得大鲵活性肽面条的生物活性数据，杨晴晴等研究了温度对大鲵肽抗氧化活性的影响[4]。如图9-1所示，未沸水浴的大鲵肽清除DPPH·的能力随着大鲵肽浓度的上升而增加，呈浓度依赖性关系，在2mg/mL浓度时清除率达60.70%。大鲵肽经过沸水浴3、5、10min的清除DPPH·的能力虽然有变化，但是变化都不显著（$P>0.05$）。2mg/mL浓度的大鲵活性肽经过沸水浴3、5、10min后，其清除率分别为58.38%、57.01%、57.79%。

如图9-2所示，未沸水浴的大鲵活性肽清除2，2′-联氮-双（3-乙基苯并噻唑啉-6-磺酸）二铵盐自由基（ABTS⁺·）的能力随着大鲵肽浓度的上升而增加，呈浓度依赖性关系，在2mg/mL浓度时清除率达78.22%。大鲵肽经过沸水浴3、5、10min的清除ABTS⁺·的能力虽然有变化，但是变化都不显著（$P>0.05$）。2mg/mL浓度的大鲵肽经过沸水浴3、5、10min后，其清除率分别为76.77%、78.30%、75.06%[4]。

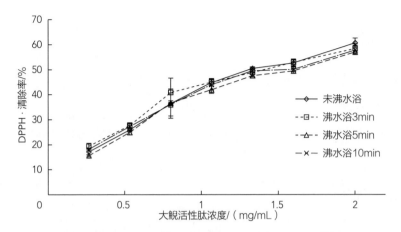

图9-1　煮沸不同时间处理的大鲵活性肽水溶液对DPPH·的清除率[4]

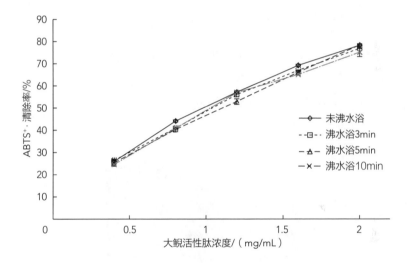

图9-2　煮沸不同时间处理的大鲵活性肽水溶液对ABTS+·的清除率[4]

　　如图9-3所示，未沸水浴的大鲵活性肽清除·OH的能力随着大鲵活性肽浓度的上升而增加，呈浓度依赖性关系，在2mg/mL浓度时清除率达23.42%。大鲵活性肽经过沸水浴3、5、10min的清除·OH的能力虽然有变化，但是变化不显著（P>0.05）。2mg/mL浓度的大鲵活性肽经过沸水浴3、5、10min后，其清除率分别为25.75%、26.36%、26.78%[4]。

　　不同时间沸水浴处理的大鲵肽，其清除DPPH·、ABTS+·、·OH三种自由基的能力与空白对照相比较无显著性差异。因此，沸水浴时间对大鲵活性肽的抗氧化活性并没有显著影响。这也表明，将大鲵活性肽加入到食品中，其后进行加工需要高温时，不会影响大鲵活性肽的抗氧化活性[4]。

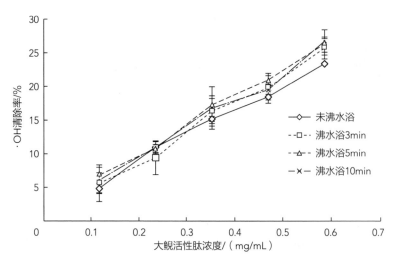

图9-3　煮沸不同时间处理的大鲵活性肽水溶液对·OH的清除率[4]

　　大鲵活性肽分子质量较小，具有较好的溶解性。因此，将大鲵活性肽加入到面粉中制作出大鲵活性肽面条，其烹煮熟制后，其所含有的大鲵活性肽会较好地保留抗氧化活性。与将大鲵蛋白粉加入到面粉中制作成的面条相比，后者只是增加了面条中蛋白质的含量。大鲵活性肽面条产品见图9-4。

图9-4　大鲵活性肽面条

第二节　大鲵活性肽益生菌发酵食品

　　发酵食品是指经过微生物（细菌、酵母和霉菌等）的发酵作用或者经过酶的作用使加工原料发生重要的生物化学变化及物理变化后制成的食品[5]。发酵食品具有丰富的营养，深受人们的喜爱。发酵食品利用微生物对肽、多糖以及小分子活性物质进行分解转化，可以获得结构更为简单的二肽、三肽、寡肽、寡糖或者其他小分子活性物，增加生物活性[6]。

　　利用双歧杆菌、保加利亚乳酸菌、嗜热链球菌、青春双歧杆菌、干酪乳杆菌、鼠李糖乳杆菌、嗜酸乳杆菌等益生菌混合发酵大鲵活性肽、牡蛎多糖、蓝莓汁、黑加仑汁及越橘汁，获得了具有独特生物活性的大鲵活性肽益生菌发酵饮品[7]。

　　利用清洁级昆明种小鼠对大鲵活性肽益生菌发酵饮品进行促进小鼠免疫力进行检测。88只小鼠随机分为11组：对照组、灌服大鲵活性肽发酵饮品20、40、60、80、100mg/kg（bw）剂量组、以及无大鲵活性肽益生菌发酵饮品20、40、60、80、100mg/kg（bw）剂量组。无大鲵活性肽发酵饮品所用原料无大鲵肽。每天定时等体积灌胃1次，连续灌胃8d，与对照组相比，各剂量组小鼠血清中IgG数量差异显著（$P<0.05$），其中50mg/kg（bw）剂量组高出对照组的2.5倍（图9-5）[7]。大鲵活性肽益生菌发酵饮品可以显著增加小鼠的IgG数量。因此，它具有对正常小鼠体液免疫功能的促进作用。

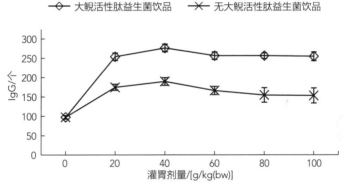

图9-5　大鲵活性肽益生菌发酵饮品对小鼠IgG数量的影响[7]

　　如图9-6所示，连续灌胃8d后各剂量大鲵活性肽益生菌发酵饮品组吞噬鸡红细胞的巨噬细胞数显著增多。说明大鲵活性肽益生菌发酵饮品具有提高小鼠巨噬细胞吞噬鸡红细胞的功能[7]。

　　如图9-7所示，连续灌胃大鲵活性肽益生菌发酵饮品8d后50mg/kg（bw）剂量组ANAE阳性率显著高于对照组（$P<0.05$），即大鲵活性肽益生菌发酵饮品能增强小鼠的细胞免疫功能[7]。

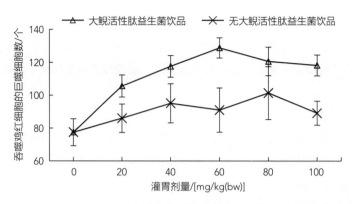

图9-6   大鲵活性肽益生菌发酵饮品对小鼠吞噬鸡红细胞的巨噬细胞数量的影响[7]

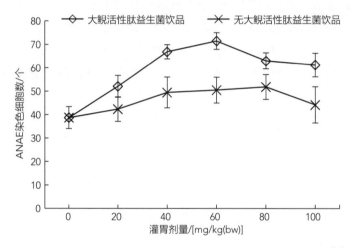

图9-7   大鲵活性肽益生菌发酵饮品对ANAE阳性淋巴细胞数量的影响[7]

利用小鼠模型对大鲵活性肽益生菌发酵饮品润肠通便作用进行了研究。小鼠按体重，随机分为模型对照组、空白对照组、无大鲵活性肽益生菌饮品、大鲵活性肽益生菌饮品低、中、高剂量组，每组10只。其中大鲵活性肽益生菌饮品低、中、高三个剂量组经口灌胃组予大鲵活性肽益生菌饮品剂量分别为36、54、72mL/kg（bw）{约相当于人体推荐口服剂量［60mL/（人·d）］30倍、50倍、70倍}，模型对照组和空白对照组给予蒸馏水的剂量为40mL/kg（bw），无大鲵活性肽益生菌饮品组给予无大鲵活性肽益生菌饮品40mL/kg（bw）。每天分两次给予，连续灌胃15d后，观察小鼠的小肠推进实验和排便实验。各组动物连续灌胃给予受试物15d，实验前各组小鼠禁食16h，模型对照组、无大鲵活性肽益生菌饮品组和大鲵活性肽益生菌饮品低、中、高三个剂量组灌胃给予5mg/kg（bw）复方地酚诺酯溶液20mL/kg（bw），空白对照组等量蒸馏水，30min

后，剂量组一次给予相应受试物（1∶1混合）的墨汁10mL/kg（bw），模型对照组和空白对照组给予等量墨汁。25min后颈椎脱臼处死动物，立即打开腹腔分离肠系膜，剪取上端自幽门、下端至回盲部的肠管，不加牵引拉成直线，进行测量。肠管长度为"小肠总长度"，从幽门至墨汁前沿为"墨汁推进长度"，按下列公式计算墨汁推进率，结果如表9-1所示[7]。

$$墨汁推进率（P）=（墨汁推进长度/小肠总长度）×100\%$$

表9-1 大鲵活性肽益生菌饮品对小鼠小肠运动的影响[7]

组别	动物数/只	墨汁推进距离/cm	肠管总长度/cm	墨汁推进率/%
空白对照	10	11.65 ± 1.56	30.52 ± 2.91	38.35 ± 5.22
模型对照	10	9.93 ± 1.37*	33.04 ± 3.20	30.30 ± 4.99**
低剂量组	10	12.74 ± 1.57##	31.29 ± 2.44	40.80 ± 4.72##
中剂量组	10	13.22 ± 1.51*##	32.23 ± 1.83	41.21 ± 5.83##
高剂量组	10	12.56 ± 1.48##	32.17 ± 2.63	39.23 ± 5.33##
无大鲵活性肽益生菌饮品组	10	11.17 ± 1.60	30.82 ± 2.85#	37.73 ± 7.65##

注：与空白对照组比较，*表示$P<0.05$，**表示$P<0.01$；与模型对照组比较，#表示$P<0.05$，##表示$P<0.01$。

各组动物连续灌胃给予受试物15d，实验前各组小鼠禁食16h，模型对照组和三个剂量组灌胃给予10mg/kg（bw）复方地酚诺酯溶液20mL/kg（bw），空白对照组给予等量蒸馏水，30min后，剂量组一次给予相应受试物的墨汁（1∶1混合）10mL/kg（bw），模型对照组和空白对照组给予等量墨汁，同时开始计时。每只动物均单独饲养，并供给饲料和饮水，观察记录每只动物首次排黑便所需时间、6h内排黑便粒数及质量。结果见表9-2。结果表明，大鲵活性肽益生菌饮品具有较好的润肠通便作用[7]。

表9-2 大鲵活性肽益生菌饮品对小鼠排便时间、粪便粒数及粪便质量的影响[7]

组别	动物数/只	首便时间/min	粪便粒数/粒	粪便质量/g
空白对照	10	161.91 ± 62.56	33 ± 6	0.42 ± 0.18
模型对照	10	236.39 ± 57.91*	21 ± 5**	0.32 ± 0.14
低剂量组	10	176.05 ± 59.25#	28 ± 3*#	0.36 ± 0.20
中剂量组	10	190.36 ± 55.22	27 ± 6*	0.30 ± 0.24

续表

组别	动物数/只	首便时间/min	粪便粒数/粒	粪便质量/g
高剂量组	10	205.83 ± 66.50	25 ± 7**	0.29 ± 0.17
无大鲵活性肽益生菌饮品组	10	197.96 ± 52.92	26 ± 6**	0.31 ± 0.10

注：与空白对照组比较，*表示$P<0.05$，**表示$P<0.01$；与模型对照组比较，#表示$P<0.05$，##表示$P<0.01$。

以高血压模型Wistar大鼠为实验对象，随机分为3组，每组10只。分别以生理盐水（阴性对照组）、卡托普利［20mg/kg（bw）］（阳性对照组）和大鲵活性肽益生菌饮品［5mg/kg（bw）］灌胃，1次/d，2mL/次，共23d，监测大鼠给药前后血压的变化情况。实验结果表明，经过灌药23d后，高血压大鼠的收缩压和舒张压均明显降低。本发明实施例的降压效果与20mg/kg的卡托普利相当。其中，本发明实施例1与阴性对照相比，它们之间的收缩压和舒张压存在显著性差异（$P<0.05$）。

以SD大鼠为模型，分别为A组（空白对照组）、B组（高脂模型组）、C组（阳性对照组）、D组（大鲵活性肽益生菌饮品低剂量组）、E组（大鲵活性肽益生菌饮品中剂量组）、F组（大鲵活性肽益生菌饮品高剂量组）、G组（无大鲵活性肽益生菌饮品组），每组10只。各组大鼠的体重为（201±10）g。为了观察大鼠的生长状况，每周对大鼠体重进行记录。对70只大鼠进行5d适应性饲养，以观察所有大鼠是否有表观异常。适应性饲养期间自由饮水，每只大鼠给予20g基础饲料。适应性饲养5d后，给除空白对照外的其他5组大鼠喂食高脂饲料。喂食高脂饲料1、4、5、7周后分别测定血清中总胆固醇（TC）、甘油三酯（TG）和高密度脂蛋白水平，判断高脂模型是否建立。高脂模型建立后，空白对照组和高脂模型组灌胃蒸馏水，阳性对照组灌胃辛伐他汀4mg/kg，大鲵活性肽益生菌饮品低、中、高3个剂量组各灌胃［36、54、72mL/kg（bw）］，无大鲵活性肽益生菌饮品组灌胃72mL/kg（bw），灌胃2周。2周后对大鼠血清总胆固醇、甘油三酯、高密度脂蛋白胆固醇（HDL-C）、低密度脂蛋白胆固醇（LDL-C）、总超氧化物歧化酶（T-SOD）、丙二醛水平进行测定。结果见表9-3和表9-4。如表9-3所示，与高脂模型组比较，大鲵活性肽益生菌饮品高剂量组大鼠TC水平显著降低（$P<0.05$）。大鲵活性肽益生菌饮品高剂量组大鼠TG水平显著降低（$P<0.05$）。大鲵活性肽益生菌饮品低、中、高剂量组大鼠HDL-C水平有升高趋势，但未见显著性差异（$P>0.05$）。大鲵活性肽益生菌饮品高剂量组大鼠LDL-C水平极显著降低（$P<0.01$）。由表9-3可以看出，与高脂模型组比较，大鲵活性肽益生菌饮品高剂量组大鼠MDA水平显著降低（$P<0.05$）。大鲵活性肽益生菌饮品低、中、高剂量组大鼠T-SOD水平极显著升高（$P<0.01$）。大鲵活性肽益生菌发酵饮品产品见图9-8。

表9-3 大鲵活性肽益生菌饮品对大鼠TC、TG、HDL-C、LDL-C的影响[7]

组别	TC含量/（mmol/L）	TG含量/（mmol/L）	HDL-C含量/（mmol/L）	LDL-C含量/（mmol/L）
空白对照	2.50 ± 0.50	0.70 ± 0.17	2.66 ± 0.40	0.92 ± 0.53
模型对照	5.20 ± 0.70**	1.39 ± 0.1⁶**	1.83 ± 0.65**	4.61 ± 0.78**
阳性对照	3.39 ± 0.78**##	0.94 ± 0.13*##	2.53 ± 0.53#	1.93 ± 0.68**##
低剂量组	4.42 ± 0.65**#	1.30 ± 0.24**	2.26 ± 0.51	4.08 ± 0.65**
中剂量组	4.01 ± 0.69**##	1.14 ± 0.25**#	2.30 ± 0.68	3.74 ± 0.87**#
高剂量组	3.52 ± 0.69**##	1.07 ± 0.19**##	2.12 ± 0.57	3.04 ± 0.75**##
无大鲵活性肽益生菌饮品组	4.407 ± 0.572**#	1.298 ± 0.235**	2.186 ± 0.558	4.123 ± 0.579**

注：与空白对照组比较，*表示$P<0.05$，**表示$P<0.01$；与模型对照组比较，#表示$P<0.05$，##表示$P<0.01$。

表9-4 大鲵活性肽益生菌饮品对大鼠MDA和T-SOD的影响[7]

组别	MDA含量/（nmol/mL）	T-SOD含量/（U/mL）
空白对照	8.57 ± 3.51	191.12 ± 18.54
模型对照	12.30 ± 3.17*	90.41 ± 21.54**
阳性对照	9.71 ± 2.92	167.73 ± 25.85##
低剂量组	11.50 ± 2.93	131.82 ± 21.42**##
中剂量组	10.77 ± 3.55	162.54 ± 22.04**##
高剂量组	10.03 ± 2.89	157.12 ± 14.04**##
无大鲵活性肽益生菌饮品组	11.99 ± 3.05*	123.71 ± 23.58**##

注：与空白对照组比较，*表示$P<0.05$，**表示$P<0.01$；与模型对照组比较，#表示$P<0.05$，##表示$P<0.01$。

图9-8　大鲵活性肽益生菌发酵饮品

第三节 大鲵活性肽葡萄酒开发

2011年、2012年万春艳详细研究了大豆活性肽在促进酵母生长、提高酵母发酵性能、弥补高辅料酿造缺陷及解除高浓度酿造限制等方面的影响[8]。莫芬等发现了添加小麦面筋蛋白水解物对酿酒酵母增殖具有显著影响[9]。进一步的研究表明，大豆活性肽是通过与酵母细胞膜进行结合，进而改善酵母细胞的代谢环境及细胞膜的通透性，使酵母的发酵性能获得了提高。由此可见，肽在酿酒酵母发酵过程中，所起的作用并不只是作为简单的氮源所起的作用。众所周知，肽类活性物质具有各种各样的结构，因此，每种肽对微生物发酵过程中的作用也是独特的。大鲵活性肽具有特殊的结构，可以对微生物发酵过程产生独特的作用。

一、大鲵活性肽与酿酒酵母的相互作用

大鲵活性肽（ADAP）作用于酿酒酵母RV002的生长曲线如图9-9。由图9-9可知，活化后的酿酒酵母需经过6h左右的适应期，在6~12h进入酵母生长的对数期，12h后酵母生长速度较对数期有所减缓，18h后酵母生长逐渐进入稳定期。含有1、2、4mg/mL的ADAP与酿酒酵母共同培养在12h后，酵母增殖速度明显高于对照组（$P<0.05$）。在发酵结束时，4mg/mL组的OD_{600}值为0.476，较对照组增加了0.141。

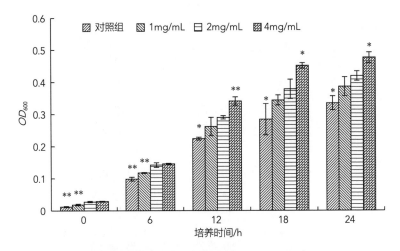

图9-9　ADAP与酿酒酵母RV002共同培养生长曲线

注：在相同培养时间，与对照组相比，*表示差异显著（$P<0.05$）；**表示差异极显著（$P<0.01$）。

ADAP对酿酒酵母RV002糖代谢的影响见图9-10。如图9-10所示，在12~18h的发酵期间，添加ADAP的3组酿酒酵母利用葡萄糖的速度明显高于对照组，ADAP添加量为4mg/mL组利用葡萄糖的速度最快。

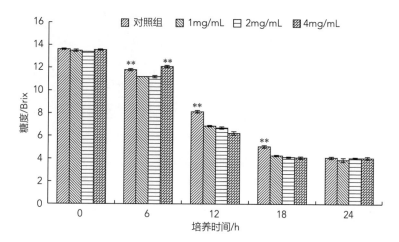

图9-10 ADAP对酿酒酵母RV002糖代谢的影响

注：在相同培养时间，与对照组相比，**表示差异极显著（$P<0.01$）。

ADAP对酿酒酵母RV002乙醇生成的影响见图9-11。乙醇的产量是评价酿酒酵母发酵能力的指标之一。如图9-11所示，添加ADAP的3组酿酒酵母的乙醇产量高于对照组。在24h酿酒酵母发酵过程中，ADAP添加量为4mg/mL组的乙醇产量最高，乙醇含量达到8.95mL/100mL，与对照组相比乙醇产量提高了6.5%。这表明，ADAP可以显著提高酿酒酵母的发酵性能。莫芬等[9]报道了类似的结果，认为小分子面筋蛋白活性肽（<1ku）可能促进酵母的代谢机制，促进其对糖类物质的利用，进而提高酵母发酵性能。da Cruz等[10]研究表明，酵母发酵过程中酒精的产量受到氮源结构复杂性的影响。肽类物质的结构复杂性可以在一定程度上降低糖代谢物的抑制效应[8]。从实验结果可以看出，ADAP具有类似的作用。

ADAP对酿酒酵母RV002发酵过程中pH的影响见图9-12。如图9-12所示，发酵液的pH随着时间的增加而降低，ADAP添加组的pH明显低于对照组，经过24h酿酒酵母的发酵，ADAP质量浓度为4mg/mL组与对照组最终的pH分别为3.16和3.26，具有极显著性差异（$P<0.01$）。酿酒酵母发酵过程中，pH的总体趋势是下降的[11]。

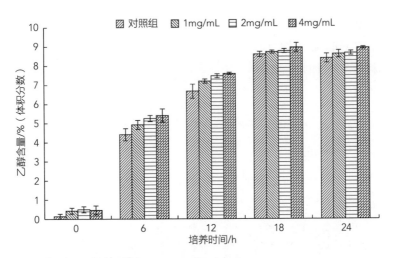

图9-11　ADAP对酿酒酵母RV002乙醇生成的影响

注：在相同培养时间，与对照组相比，*表示差异显著（$P<0.05$）；**表示差异极显著（$P<0.01$）。

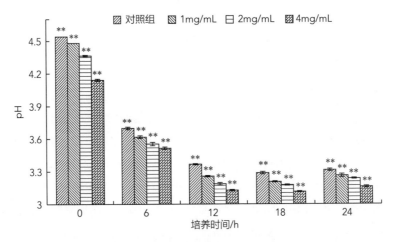

图9-12　ADAP对酿酒酵母RV002发酵过程中pH的影响

注：在相同培养时间，与对照组相比，*表示差异显著（$P<0.05$）；**表示差异极显著（$P<0.01$）。

二、大鲵活性肽与红酒多酚的相互作用

采用紫外-可见光谱分析法对ADAP和红酒多酚的相互作用进行研究分析。不同质量浓度的红酒多酚与ADAP相互作用的紫外-可见吸收光谱的影响如图9-13所示。植物多酚与蛋白质通过氢键、共价键以及疏水作用等方式相互作用，从而影响多酚和蛋白质的性质[12]。利用紫外-可见吸收差谱可研究小分子与生物大分子的相互作用以及研究蛋白质的构象改变，红酒多酚与蛋白质相互作用强弱的标志为峰的变化强度，多酚与蛋白质的

疏水性氨基酸侧链的基团相互作用，导致蛋白质的构象发生变化，从而峰的位置也发生改变[13, 14]。

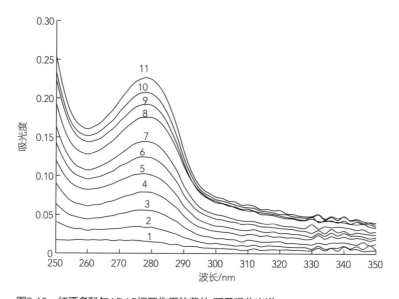

图9-13　红酒多酚与ADAP相互作用的紫外-可见吸收光谱

注：ADAP质量浓度为0.1mg/mL；红酒多酚质量浓度从1~11分别为0~1.0mg/mL。

蛋白质分子中Trp和Tyr等氨基酸中芳香杂环在278nm波长附近有吸收峰，当芳香族氨基酸残基所处微环境改变时，蛋白质的吸收波长也会随之改变[15, 16]。由图9-13可知，随红酒多酚浓度的增加，ADAP的紫外-可见吸收光谱的峰值逐渐升高，表明二者相互作用增强。ADAP中疏水性氨基酸占总氨基酸的46%[17]，当疏水性氨基酸含量较高时，更易于红酒多酚相互作用；酚羟基与ADAP的酰胺基团之间可形成氢键，从而多酚的芳香环上的π电子云的强度增加，推测吸光度的增加与以上两个因素有关[18, 19]。最大吸收峰由274nm红移至278nm，说明在ADAP内部的疏水性基团因红酒多酚的加入暴露出来，导致ADAP构象发生改变，有利于ADAP肽键上的Trp和Tyr等芳香杂环的π-π^{*}跃迁[16]。蛋白质与红酒多酚的相互作用不仅可以改变蛋白质的性能，也可提高多酚物质的稳定性、抗氧抗能力以及保持多酚活性，在一定意义上蛋白质会影响多酚的利用率以及活性[20]。

红酒多酚与ADAP相互作用的红外光谱图见图9-14。傅里叶红外光谱图可反映出红酒多酚与ADAP相互作用对蛋白质二级结构和多酚物质结构的影响[21]。在1700~1600cm^{-1}范围内有吸收的为主要由C—O伸缩振动引起的酰胺Ⅰ峰，其中1658~1650cm^{-1}为α-螺旋、1640~1610cm^{-1}为β-折叠、1700~1660cm^{-1}为β-转角、1650~1640cm^{-1}为无规卷曲，酰胺Ⅰ峰对蛋白质的研究最有价值，酰胺Ⅱ峰在1600~1500cm⁻¹波长范围内有吸收，主要由C—N伸缩振动和N—H弯曲振动引起；酰胺Ⅲ峰的吸收波长为1330~1220cm⁻¹，其中1330~1290cm⁻¹ α-螺旋、1250~1220cm⁻¹为 β-折叠、1295~1265cm⁻¹为 β-转角、1270~1245cm⁻¹为无规则卷曲，较酰胺Ⅰ峰，吸收峰弱，但无水分子的吸收峰[22, 23]。1300~400cm⁻¹范围内称为指纹区，可用于分析化合物结构的细微改变，是中红外光谱

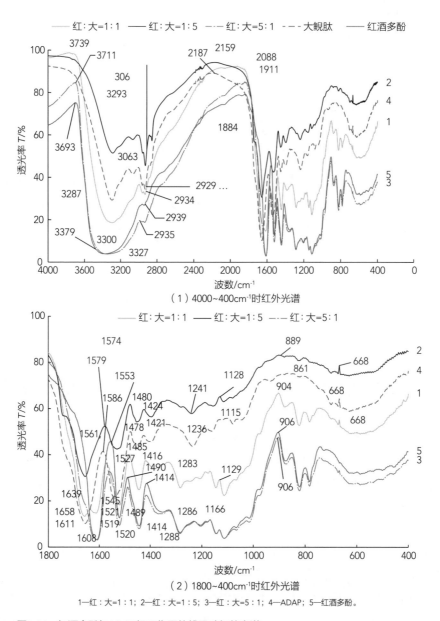

（1）4000~400cm⁻¹时红外光谱

（2）1800~400cm⁻¹时红外光谱

1—红：大=1：1；2—红：大=1：5；3—红：大=5：1；4—ADAP；5—红酒多酚。

图9-14　红酒多酚与ADAP相互作用的傅里叶红外光谱

波段中鉴定基团最有价值的波段。茶多糖、茶多酚的O—H以及蛋白质和氨基酸的N—H均会在3400~3200cm^{-1}波长范围内出现吸收峰[24]。Kanakis等[25]发现，蛋白质中的C=O，C—N和N—H基团可以同多酚发生亲水作用，随多酚浓度的增加，α-螺旋和β-片层结构也会增加，从而光谱增强。

如图9-14（1）所示，在3300cm^{-1}左右峰是由N—H以及O—H伸缩振动引起的，可能含有—OH、—NH$_2$、—NH—等，并且随ADAP浓度加大，吸收峰由3379cm^{-1}蓝移至3287cm^{-1}，谱峰变宽，可能是因为多酚与蛋白质中基团发生了相互作用，形成氢键。在3063cm^{-1}附近出现了咪唑官能团的特征峰，随红酒多酚浓度增加，该特征峰消失，表明红酒多酚与咪唑官能团反应，蛋白质构象发生改变。2930cm^{-1}附近的峰为C—H伸缩振动引起，ADAP中可能含有—CH$_2$—，随着红酒多酚浓度的增加，峰的强度逐渐减小，峰的位置也由2929cm^{-1}红移至2939cm^{-1}，表明红酒多酚与ADAP相互作用，导致峰的强度减小。在2187~1884cm^{-1}范围内出现里较宽的吸收峰可能是由C=O振动引起或者碳氮振动引起，红酒多酚与ADAP相互作用，导致在这一范围内，随着比例的变化，峰的位置以及峰型也随之改变。

如图9-14（2）所示，在1800~400cm^{-1}范围内，出现了较多的吸收峰。在1658~1608cm^{-1}波长内的吸收峰主要是因为C=O伸缩振动，随红酒多酚浓度的增加，酰胺Ⅰ峰从1658cm^{-1}蓝移至1608cm^{-1}，表明红酒多酚的酚羟基与ADAP中肽链中—CO—NH—发生了氢键作用，导致蛋白质结构发生改变，且β-折叠以及无规则卷曲增加。1586~1553cm^{-1}范围内，出现强吸收峰，是氨基酸的特征谱峰，是由氨基酸COO—反对称伸缩振动引起，随红酒多酚浓度的增加，谱峰发生蓝移，表明多酚中的基团与蛋白质的基团发生反应，导致结构发生变化。1545~1520cm^{-1}范围内，CNH变角振动以及N—H面内弯曲振动和C—N伸缩振动耦合产生酰胺Ⅱ峰，多酚中芳香族的—NO$_2$的伸缩振动在此附近也有吸收峰，因为红酒多酚的加入，随着浓度的增大，酰胺Ⅱ峰发生蓝移，说明酚羟基与蛋白质的肽键等基团发生相互作用，导致蛋白质的二级结构发生改变，1480cm^{-1}附近的吸收峰很可能是因为N—H变角振动引起，1420cm^{-1}出现吸收峰主要是由于CH$_2$变角振动，也有可能是因为COO—对称伸缩振动，随红酒多酚浓度的增大，峰的强度增大并发生蓝移。1330cm^{-1}附近出现的吸收峰，随红酒多酚浓度的增大发生蓝移且峰的强度减小，表明α-螺旋减少；1288~1236cm^{-1}范围内出现的吸收峰，由C—N伸缩振动引起，也可能由酚类C—OH伸缩振动引起，酰胺Ⅲ峰发生红移且吸收峰的强度增大，表明红酒多酚与ADAP两者中的基团相互作用，导致β-折叠、β-转角以及无规则卷曲在蛋白质中增加。1120cm^{-1}左右的吸收峰极有可能也是因为C—N的伸缩振动。900~860cm^{-1}波长内出现一个较宽的吸收峰，极有可能是由NH$_2$扭曲振动引起。在668cm^{-1}处出现一个尖锐的吸收峰，极有可能是苯环上━C━H面外弯曲振动引起的，当红酒多酚浓度增大时，吸收峰的强度减小，红酒多酚的红外光谱该吸收峰消失，表明红酒多酚的基团替代了苯环上的原有的基团，导致蛋白质的结构改变。在700~900cm⁻¹范围内，当ADAP含量较高时，无明显吸收峰，当红酒多酚含量高时，这一范围出现较为明显的多个吸收峰，出现这一现象可能由于C━O━S伸缩振动、NH₂扭曲振动、NH面内弯曲振动或者NO₃振动，也有可能是因为红酒多酚中的分子振动引起峰的改变。该波长范围属于指纹区，在这一区域内，分子的细小变化也会引起指纹频率的改变[26-28]。

三、大鲵活性肽对葡萄酒香气的影响

采用固相微萃取-气相色谱-质谱联用（SPME-GC-MS）对大鲵活性肽葡萄酒和赤霞珠干红葡萄酒香气成分分别测定，大鲵活性肽葡萄酒及赤霞珠干红葡萄酒香气成分的总离子流图见图9-15（1）及图9-15（2），香气成分结果如表9-5所示。利用SPME-GC-MS大鲵活性肽葡萄酒共检测出挥发性化合物17种，其中包括6种醇类物质，7酯类物质种，3种醛类物质，1种酸类物质。大鲵活性肽葡萄酒中异丁醇、异戊醇、2-甲基丁醇、正己醇均显著高于赤霞珠干红葡萄酒，异戊醇的相对含量是赤霞珠干红葡萄酒中的2.7倍，乙醇的相对含量较赤霞珠干红葡萄酒下降7.56%，仲辛醇仅存在于大鲵活性肽葡萄酒中，2，3-丁二醇仅存在于赤霞珠干红葡萄酒中。除乙醇外，异戊醇在两种葡萄酒中的相对含量均为最高，异戊醇经过适当的稀释后，具有白兰地特有的风味，醇类具有清淡的气味，2，3-丁二醇具有植物、肥皂、青草香气，高级醇的数量影响葡萄酒的感官质量，浓度小于400mg/L时，能赋予葡萄酒典型的香气，但浓度大于400mg/L时就会有不愉快的气味[29, 30]。

乙酸乙酯、乙酸异戊酯、丁二酸二乙酯以及乙基异戊基琥珀酸酯在大鲵活性肽葡萄酒中的相对含量较高，分别是赤霞珠干红葡萄酒中相同香气成分的2.8倍、7.0倍、5.4倍、5.0倍；L（-）-乳酸乙酯、正己酸乙酯和棕榈酸乙酯只存在于大鲵活性肽葡萄酒中；乳酸乙酯、3-甲基戊酸乙酯以及丁酸苯乙酯仅存在于赤霞珠干红葡萄酒中。乙酸乙酯具有柔和的果香，乙酸异戊酯等大多数酯类具有花、果香气，有益于葡萄酒的香气质量[29, 31]。脂肪族乙酯也是影响葡萄酒香气的主要挥发性成分，本研究中发现的脂肪族乙酯包括乙酸乙酯、乙酸异戊酯、L（-）-乳酸乙酯、正己酸乙酯、棕榈酸乙酯、乳酸乙酯以及丁酸苯乙酯等。酯类化合物在葡萄酒中一般呈现令人愉悦的良好气味，赋予葡萄酒果香、花香等气味[32]。ADAP的添加，提高了脂肪族乙酯的含量，表明大鲵活性肽可以增加葡萄酒的香气质量。

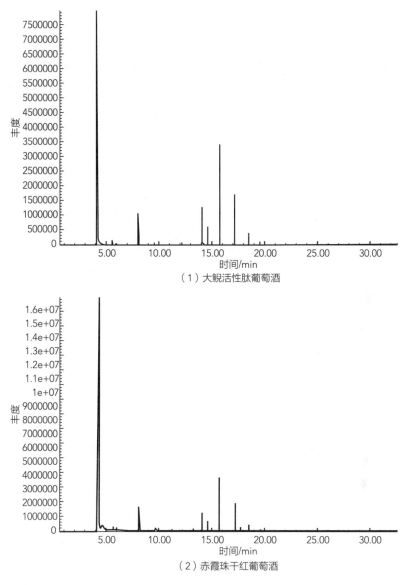

（1）大鲵活性肽葡萄酒

（2）赤霞珠干红葡萄酒

图9-15　葡萄酒香气成分的总离子流图

表9-5　大鲵活性肽葡萄酒香气成分分析

序号	香气成分	相对含量/%	
		大鲵活性肽葡萄酒	赤霞珠干红葡萄酒
1	乙醇	~88.545	~95.785
2	异丁醇	~0.568	~0.296

续表

序号	香气成分	相对含量/%	
		大鲵活性肽葡萄酒	赤霞珠干红葡萄酒
3	异戊醇	~5.073	~1.862
4	2-甲基丁醇	~1.874	~0.614
5	正己醇	~0.061	~0.018
6	仲辛醇	~0.050	—
7	2,3-丁二醇	—	~0.074
8	乙酸乙酯	~1.091	~0.392
9	乙酸异戊酯	~0.028	~0.004
10	丁二酸二乙酯	~1.898	~0.351
11	乙基异戊基琥珀酸酯	~0.085	~0.017
12	L(-)-乳酸乙酯	~0.441	—
13	正己酸乙酯	~0.044	—
14	棕榈酸乙酯	~0.055	—
15	乳酸乙酯		~0.402
16	3-甲基戊酸乙酯		~0.009
17	丁酸苯乙酯		~0.004
18	壬醛	~0.016	~0.003
19	2,6-二甲基苯甲醛	~0.053	~0.009
20	苯乙醛	~0.019	—
21	辛酸	~0.098	~0.016
22	乙酸	—	~0.144

在两种葡萄酒中均检测到了辛酸，相对含量分别为0.098%、0.016%（质量分数），在大鲵活性肽葡萄酒中的相对含量是赤霞珠干红葡萄酒的6.1倍，仅在赤霞珠干红葡萄酒中检测到了乙酸。辛酸为中链饱和脂肪酸，具有酸类特有的酸腐味、奶酪味和脂肪味。脂肪酸具有类似肥皂、蜡烛的气味且香气稳定[33]。在大鲵活性肽葡萄酒中检测到了赤霞珠干红葡萄酒中没有的成分——苯乙醛具有花香以及蜂蜜香味[34]，属脂肪族挥发性化合物，是葡萄酒中重要的呈香物质，具有青草香味，对葡萄酒而言，起积极的感官作

用[35]。壬醛以及2,6-二甲基苯甲醛在大鲵活性肽葡萄酒中的含量均显著高于赤霞珠干红葡萄酒。添加ADAP可以降低葡萄酒的酸腐味,提高葡萄酒花香以及果香。

四、大鲵活性肽对葡萄酒色泽的影响

赤霞珠干红葡萄酒、大鲵活性肽葡萄酒A(加入ADAP)、大鲵活性肽葡萄酒B(加入P-ADAP)的颜色相关指标以及多酚类物质含量见表9-6。除游离花色苷含量外,其他指标均为负偏分布,表明指标参数分布集中在高数值方面。酚类物质以及颜色相关九个指标,赤霞珠干红葡萄酒较加入大鲵活性肽的两种葡萄酒均有极显著性差异(P<0.01);色调的标准偏差系数最小,说明3种葡萄酒之间的差异最小。加入P-ADAP的葡萄酒,总酚、总单宁以及总花色苷含量均极显著高于其他两种葡萄酒(P<0.01),游离花色苷含量极显著(P<0.01)低于赤霞珠干红葡萄酒和葡萄酒A,游离花色苷对新酒的颜色有一定影响,ADAP有利于多数酚类物质的形成。

表9-6 三种干红葡萄酒酚类物质和颜色指标结果

样品	总酚/(mg/L)	总单宁/(g/L)	总花色苷/(mg/L)	游离花色苷/(mg/L)	色度	色调	WC(颜色)	WCP(总色素)	PPC(聚合色素)
赤霞珠	1623.30**	3.27**	33.10**	21.78**	16.10**	1.19**	6.42**	0.64**	5.50**
葡萄酒A	1944.16**	3.40**	34.27**	20.15**	22.29**	1.18**	8.47**	0.72**	7.33**
葡萄酒B	1972.83**	3.48**	35.90**	18.42**	22.58**	1.17**	7.79**	0.70**	7.74**
标准偏差系数	0.11	0.03	0.04	0.08	0.18	0.01	0.14	0.06	0.17
偏度系数	-1.69	-0.69	0.48	-0.09	-1.72	0	-0.94	-1.29	-1.50

注:*表示显著相关(P<0.05);**表示极显著相关(P<0.01)。

如表9-6所示,三种葡萄酒的色调由深到浅依次是:赤霞珠>葡萄酒A>葡萄酒B;色度的强弱依次为:葡萄酒B>葡萄酒A>赤霞珠,葡萄酒色度越高,色调越低,表明葡萄酒的色泽品质越好[36]。因此,添加ADAP可以提高葡萄酒的色泽品质,P-ADAP对色泽品质的促进作用要显著高于ADAP(P<0.01)。WC值为葡萄酒颜色,葡萄酒A中易被氧化的不稳定花色苷的含量极显著高于其他两种葡萄酒(P<0.01),由WCP值(总色素)可以看出,三种葡萄酒中离子化花色苷含量最高的为葡萄酒A,其次为葡萄酒B,最少的为赤霞珠干红葡萄酒,PPC值为聚合色素,葡萄酒B和葡萄酒A的含量均极显著高于赤霞

珠葡萄酒（$P<0.01$），表明加入ADAP的葡萄酒中单体花色苷与酚类物质间的相互作用增强，对葡萄酒的颜色具有积极作用，提高颜色的稳定性，可根据PPC值预测酒的陈酿潜力[36, 37]，WCP、PPC同色调、色度以及花色苷的变化规律一致。ADAP一定程度上提高葡萄酒中酚类物质的含量，有利于葡萄酒中呈色物质的浸出，提高色度，降低色调，增强葡萄酒的色泽品质，P-ADAP的作用要优于ADAP。

对3种干红葡萄酒进行酚类物质以及颜色相关性分析，结果见表9-7。游离花色苷与总酚、总单宁以及总花色苷含量呈极显著负相关（$P<0.01$），表明当游离花色苷减少时，其他三个指标的含量增加；总酚、总单宁以及总花色苷含量之间呈极显著正相关（$P<0.01$）。色度与游离花色苷含量、色调呈极显著负相关（$P<0.01$），相关系数分别为-0.878、-0.943，与总酚、总单宁以及总酚含、WC、WCP、PPC呈极显著正相关（$P<0.01$）；色调与游离花色苷呈极显著正相关（$P<0.01$），相关系数为0.987，与WC值呈显著负相关（$P<0.05$），与其余6个指标呈极显著负相关（$P<0.01$）。表明当游离花色苷含量减少，聚合色素增加时，葡萄酒的色度增加，色调减小，葡萄酒的色泽品质提高。WC值与游离花色苷含量呈负相关，与总花色苷含量呈正相关，总单宁含量呈显著性正相关（$P<0.05$），与总酚含量、WCP以及PPC呈极显著正相关（$P<0.01$）。WCP与游离花色苷含量呈显著性负相关（$P<0.05$），与总花色苷呈显著性正相关（$P<0.05$），与总酚、总单宁含量以及PPC呈极显著正相关（$P<0.01$）。PPC与游离花色苷含量呈极显著负相关（$P<0.01$），与总酚、总单宁和总花色苷含量呈极显著正相关（$P<0.01$）。综上所述，酚类物质以及聚合色素与葡萄酒的色度以及色调具有极显著的相关性，酚类物质中，游离花色苷含量对色泽品质的影响作用与其他酚类的影响作用相反。

表9-7　干红葡萄酒中颜色参数相关性分析

	总酚含量	总单宁含量	总花色苷含量	游离花色苷含量	色度	色调	WC	WCP	PPC
总酚含量	1								
总单宁含量	0.945**	1							
总花色苷含量	0.851**	0.971**	1						
游离花色苷含量	-0.893**	-0.990**	-0.993**	1					
色度	0.999**	0.934**	0.833**	-0.878**	1				
色调	-0.954**	-0.999**	-0.966**	0.987**	-0.943**	1			
WC	0.919**	0.740*	0.578	-0.644	0.932**	-0.758*	1		

续表

	总酚含量	总单宁含量	总花色苷含量	游离花色苷含量	色度	色调	WC	WCP	PPC
WCP	0.961**	0.819**	0.676*	-0.735*	0.970**	-0.834**	0.992**	1	
PPC	0.995**	0.973**	0.899**	-0.933**	0.991**	-0.979**	0.875**	0.929**	1

注：*表示显著相关（$P<0.05$）；**表示极显著相关（$P<0.01$）。

当进行多指标综合评价时，各观测指标会存在信息重叠，因此通过主成分分析来确定影响葡萄酒色泽的综合指标[38]。将3种干红葡萄酒的9个指标进行主成分分析，结果见表9-8。第1主成分特征值为8.356>1，累计贡献率高达92.844%，表明只有一个主成分能够较好地反映原始数据的信息。干红葡萄酒中原本与颜色相关的9个指标减少到1个相关主成分。

表9-8　干红葡萄酒各成分的特征值和累积贡献率

主成分	特征值	贡献率/%	累积贡献率/%
1	8.356	92.844	92.844
2	0.637	7.073	99.917
3	0.006	0.070	99.987
4	0.001	0.010	99.996
5	0.000	0.002	99.998
6	0.000	0.001	99.999
7	0.000	0.001	100.000
8	0.000	0.000	100.000
9	0.000	0.000	100.000

葡萄酒中主成分的负荷矩阵如表9-9所示。当各成分的负荷系数接近1，表明可以更好地解释得到的主成分以及命名变量[39]。主成分1（F_1）包括9个颜色相关参数，可以较好地描述葡萄酒颜色特征，除游离花色苷含量和色调呈负向分布，其他7个指标均呈正向分布。葡萄酒中各指标对主成分的影响程度可根据得分系数的大小判断，并且可以得到各变量的线性组合。F_1与葡萄酒的9个颜色相关参数的表达式为：

$$F_1=0.118X_1+0.118X_2+0.111X_3-0.114X_4+0.117X_5-0.119X_6+0101X_7+0.120X_8+0.119X_9$$

表9-9 主成分负荷矩阵

变量	指标	成分负荷矩阵	得分系数矩阵
X_1	总酚含量	0.986	0.118
X_2	总单宁含量	0.986	0.118
X_3	总花色苷含量	0.926	0.111
X_4	游离花色苷含量	-0.956	-0.114
X_5	色度	0.980	0.117
X_6	色调	-0.990	-0.119
X_7	WC	0.840	0.101
X_8	WCP	0.999	0.120
X_9	PPC	0.998	0.119

五、大鲵活性肽葡萄酒保护二乙基亚硝胺（DEN）导致的小鼠肝损伤的作用

清洁级昆明种小鼠，体重18～22g，雌雄各半，于12h黑暗，12h光亮的塑料饲养箱内饲养，室温（20±2）℃，湿度40%~60%，自由采食和饮水。48只小鼠随机分为6组：空白对照组、本发明实施例1的大鲵活性肽葡萄酒组、对照品组、大鲵活性肽葡萄酒+DEN组、对照品+DEN组以及DEN组。将本发明实施例1大鲵活性肽葡萄酒、对照品每天定时灌胃1次，5mL/kg（bw），连续灌胃30d。

而大鲵活性肽葡萄酒+DEN组、对照品+DEN组，除按上述方法分别灌胃大鲵活性肽葡萄酒、对照品外，还需同时灌胃DEN 50mg/kg（bw）；DEN组单独灌胃DEN 50mg/kg（bw）。最后一次灌服药品后1h，摘眼球取血。将采集的全血于37℃恒温30min，然后于4℃冰箱中1h，在3000r/min下离心3min，分离血清，检测ALT、AST以及MDA指标，结果见表9-10。

表9-10 大鲵活性肽葡萄酒保护二乙基亚硝胺（DEN）导致小鼠肝损伤的生化指标

组别	ALT/（IU/L）	AST/（IU/L）	MDA/（nmol/mg）
空白对照	40.1±1.9	94.0±7.8	8.20±0.12
大鲵活性肽葡萄酒	45.1±5.4	102.2±6.2	8.34±0.13
对照品	93.6±11.2	300.3±31.7	10.32±0.27
大鲵活性肽葡萄酒+DEN	88.8±13.9	271.0±27.2	8.51±0.19

续表

组别	ALT/（IU/L）	AST/（IU/L）	MDA/（nmol/mg）
对照品+DEN	119.9±13.6	331.8±24.1	11.37±0.28
DEN	275.4±38.8	649.7±57.2	14.35±0.22

如表9-10所示，大鲵活性肽葡萄酒组的ALT、AST以及MDA指标与对照组的指标没有显著性差异。大鲵活性肽葡萄酒+DEN组的ALT、AST以及MDA指标显著好于对照品+DEN组以及DEN组，表明大鲵活性肽葡萄酒对肝脏无损害，可显著降低DEN对肝脏的损伤，具有保护肝脏的作用显著。

对各实验组进行肝组织切片检查，结果如图9-16所示。图9-16中（1）、（2）、（3）、（4）、（5）、（6）分别为空白对照组、大鲵活性肽葡萄酒组、对照品组、大鲵活性肽葡萄酒+DEN组、对照品+DEN组以及DEN组。从图9-16中可以看出来，对照组与实施例1组小鼠肝细胞索状排列规则，肝细胞胞浆均匀，核仁清晰［图9-16（1）、（2）］。对照品组、对照品+DEN组以及DEN组肝细胞紊乱，有气球样变细胞，并伴有炎症细胞浸润现象［图9-16（3）、（5）、（6）］。大鲵活性肽葡萄酒+DEN组［图9-16（4）］的肝细胞细胞形状基本规则，有少量炎症细胞浸润。结果表明，大鲵活性肽葡萄酒对肝脏无损害，可降低DEN对肝脏的损伤，具有保护肝脏的作用。

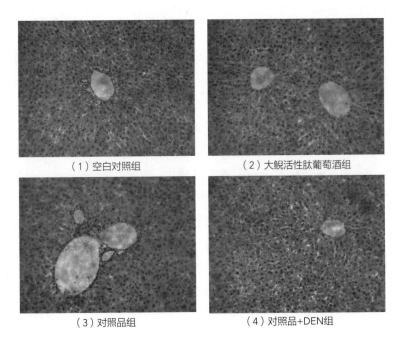

（1）空白对照组　　　　　　　　　　　（2）大鲵活性肽葡萄酒组

（3）对照品组　　　　　　　　　　　　（4）对照品+DEN组

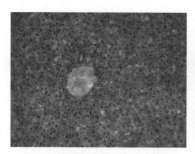 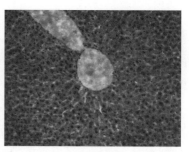

（5）大鲵活性肽葡萄酒+DEN组   （6）DEN组

图9-16   小鼠肝病理切片

六、大鲵活性肽葡萄酒调节肠道菌群作用的测定

将30只昆明小鼠随机分成3组，每天分别采用生理盐水、大鲵活性肽葡萄酒、对照品对各组小鼠进行灌胃，灌胃量为0.2mL/10g，连续20d。最后一次灌胃24h后，采用拎尾法收集各组粪便于干燥无菌的离心管中，立即放于液氮中速冻。将速冻的小鼠粪便进行针对16SrRNA基因V4区采用V4通用引物进行PCR扩增及测序，对获得的数据进行生物信息学分析。

通过生物信息学进行对比发现，大鲵活性肽葡萄酒组和对照品组获得的粪便菌群与生理盐水组小鼠的粪便菌群有显著性差异。在门的水平上，拟杆菌门在大鲵活性肽葡萄酒组小鼠粪便菌群中的相对比例最高，为74.57%，对照品组为43.79%，生理盐水组为36.23%。小鼠肠道中的拟杆菌门主要为拟杆菌纲，拟杆菌门是肠道内第二大优势类群，参与肠道内糖类、脂类的代谢，对宿主健康有很重要的影响，大鲵活性肽葡萄酒组的拟杆菌门的显著增加，提示肠道中物质代谢存在一定程度的优化。厚壁菌门在大鲵活性肽葡萄酒组小鼠粪便菌群中的相对比例达到38.27%，对照品组为17.94%，生理盐水组为16.54%。厚壁菌门在肠道中能够帮助多糖发酵，厚壁菌门包括芽孢杆菌纲（芽孢杆菌目和乳杆菌目），其中芽孢杆菌属的主要作用是维持动物肠道的健康。本实验中小鼠粪便中的第二大优势菌就是厚壁菌门，表明大鲵活性肽葡萄酒能够参与小鼠糖类代谢，保持肠道菌群健康。而变形菌门在大鲵活性肽葡萄酒组小鼠粪便菌群中为4.47%，对照品组为6.37%，生理盐水组为7.34%。变形菌门是细菌中最大的一门，包括大肠杆菌、沙门菌、霍乱弧菌、幽门螺旋杆菌等病原菌，这类细菌易引起动物腹泻。大鲵活性肽葡萄酒组变形菌门的大量减少，提示小鼠肠道中存在的炎症状态有所改善。

大鲵活性肽葡萄酒产品见图9-17。

图9-17　大鲵活性肽葡萄酒

第四节　大鲵活性肽酱香型白酒

　　白酒刚蒸馏出来时含有硫化氢、硫醇、硫醚、游离氨基酸、烯醛等臭味和刺激性物质，需要经过一定时间的贮存，使其中的物质成分发生复杂的物理化学变化，从而改变白酒的品质。宿醉头痛是白酒对人体伤害的一种表现，因此饮酒后的舒适程度（饮酒舒适度）成了人们对酒精饮料的主要关注点。饮酒舒适度高的白酒本质上是醛类物质及高级醇含量较低，酒体中醛、酸、酯、醇的比例协调，饮用后不会出现上头、头痛、口干及恶心呕吐等症状。酱香型白酒因其为纯粮酿造而成为对人体伤害最小的白酒，而进一步减轻酱香型白酒对人体的伤害是白酒企业一直的追求。

　　杨亮等研究了大鲵皮泡制酱香型白酒对肠道微生物的影响，发现大鲵皮泡制酱香型白酒显著改善白酒对肠道主要微生物菌群的抑制作用，并维持肠道益生菌总量不变[40]，即大鲵皮泡制酱香型白酒减轻了对人体肠道菌群的伤害。陈娟等利用酶解大鲵肽制备大鲵肽酱香型白酒[41]，其大鲵肽含量为（14.20±0.1）mg/mL，该大鲵肽来源为大鲵肉，所制备的大鲵肽酱香型白酒具有抗氧化活性。迄今为止未见可提高饮酒舒适度的大鲵活性肽酱香型白酒的相关报道。

　　将大鲵活性肽粉加入到乙醇含量为30%~70%（体积分数）的酱香型白酒中调兑、过滤至澄清后贮藏6个月，所述大鲵活性肽粉与酱香型白酒的质量百分比为1%~30%；所述大鲵活性肽粉中硫酸软骨素至少为总质量的22.1%，所述大鲵活性肽粉经水溶解并经80%乙醇沉淀后冻干后经红外光谱检测，具有3295.55、3071.33、2961.93、1652.25、1556.40、1452.35、1398.68、1335.76、1243.63、1158.42、1080.91、

921.85、852.00cm^{-1}特征；所述大鲵活性肽粉每100g中含氨基酸如下：天冬氨酸与天冬酰胺10.0g、苏氨酸4.6g、丝氨酸4.2g、谷氨酸与谷氨酰胺15.1g、甘氨酸4.8g、丙氨酸6.1g、胱氨酸1.1g、缬氨酸5.1g、甲硫氨酸3.2g、异亮氨酸5.3g、亮氨酸8.5g、酪氨酸3.8g、苯丙氨酸4.5g、赖氨酸9.0g、组氨酸2.6g、精氨酸6.6g、脯氨酸3.7g及色氨酸1.7g。各种物质成分相互作用，使所得到的大鲵活性肽酱香型白酒中的醛类物质和高级醇含量较低，并且改变了原酱香型白酒中醛、酸、酯、醇的比例，不仅提高了酱香型白酒的香气、降低对人体肠道菌群的伤害，而且还提高了饮酒舒适度，同时所含的硫酸软骨素有益于人体骨关节健康。

一、香气成分

大鲵活性肽酱香型白酒与不添加大鲵活性肽的同品质（酒精体积分数为53%）酱香型白酒为对照品，采用搅拌棒吸附萃取-气相色谱-质谱联用法对各自的香气成分分别进行测定，结果见表9-11。如表9-11所示，大鲵活性肽酱香型白酒中的醛类物质、高级醇含量低于酱香型白酒中的含量，且改变了原酱香型白酒中醛、酸、酯、醇的比例。

表9-11　香气成分

序号	香气成分	香气成分质量分数/%	
		大鲵活性肽酱香型白酒	对照品
1	异戊醇	3.55 ± 1.357	7.14 ± 0.582
2	正丁醇	0.25 ± 0.077	0.41 ± 0.088
3	异丁醛	0.08 ± 0.066	0.13 ± 0.067
4	庚醛	1.10 ± 0.239	3.20 ± 0.115
5	甲酸乙酯	0.05 ± 0.010	0..04 ± 0.009
6	苯乙醇	0.61 ± 0.165	0.36 ± 0.198
7	正辛醇	0.33 ± 0.196	0.45 ± 0.188
8	乙醛	0.17 ± 0.020	0.33 ± 0.046
9	正己醇	0.86 ± 0.344	1.27 ± 0.221
10	异丁醛	0.16 ± 0.009	0.22 ± 0.010
11	甲酸乙酯	0.05 ± 0.009	0.02 ± 0.011
12	仲辛酮	0.03 ± 0.007	0.04 ± 0.006
13	异戊醛	0.92 ± 0.451	1.14 ± 0.224

续表

序号	香气成分	香气成分质量分数/%	
		大鲵活性肽酱香型白酒	对照品
14	戊酸乙酯	1.74 ± 0.231	2.72 ± 0.477
15	2-庚酮	0.09 ± 0.007	0.07 ± 0.004
16	异己酸乙酯	0.11 ± 0.033	0.14 ± 0.073
17	丁酸异戊酯	0.12 ± 0.019	0.15 ± 0.021
18	乙酸乙酯	12.35 ± 1.224	11.13 ± 1.375
19	丁酸丁酯	0.14 ± 0.034	0.17 ± 0.063
20	乙酸异戊酯	0.17 ± 0.073	0.35 ± 0.194
21	己酸乙酯	23.31 ± 4.523	3.66 ± 2.395
22	乳酸乙酯	1.50 ± 0.803	8.47 ± 0.386
23	辛酸乙酯	1.77 ± 1.03	1.84 ± 0.238
24	己酸丙酯	0.13 ± 0.093	0.28 ± 0.065
25	丁酸己酯	0.06 ± 0.029	0.11 ± 0.030
26	己酸己酯	0.66 ± 0.188	0.43 ± 0.051
27	癸酸乙酯	3.90 ± 0.104	1.30 ± 0.135
28	庚酸乙酯	1.06 ± 0.137	2.24 ± 0.677
29	月桂酸乙酯	4.98 ± 0.81	2.54 ± 1.553
30	十一酸乙酯	0.263 ± 0.066	0.13 ± 0.084
31	苯甲醛	0.27 ± 0.113	0.40 ± 0.296

二、饮酒舒适度研究

取30只SPF级雄性小鼠，体重20~22g，饲养环境为每天12h光照/12h黑暗，自由进食饮水。经一周适应性饲养后，随机分成3组，为生理盐水空白对照组（T1）、酱香型白酒对照组（T2）、大鲵活性肽酱香型白酒组（T3），分别以生理盐水、实验例1的对照品及本发明实施例1的可提高饮酒舒适度的大鲵活性肽酱香型白酒按照11mL/kg（bw）进行灌胃。将小鼠背部置于V型槽中呈仰位，30s内未能翻转身体，即翻正反射消失，记录醉酒时间；60s内能连续2次翻转身体，即翻正反射恢复，记为醒酒时间。结果见表9-12。大鲵活性肽酱香型白酒醉酒时间大于对照组，醒酒时间短于对照组。

表9-12 小鼠醉酒时间、醒酒时间

组别	醉酒时间/min	醒酒时间/min
T1	—	—
T2	19.05 ± 14.35	125.76 ± 25.43
T3	27.76 ± 19.98	95.35 ± 33.45

当小鼠翻正恢复时，立即进行眼球取血，利用酶联免疫试剂盒检测前列腺素（PGE2），PGE2刺激神经末梢是造成疼痛的主要原因，结果见表9-13。结果表明，大鲵活性肽酱香型白酒组的PGE2含量显著低于酱香型白酒对照组。

表9-13 各组PGE2含量测定

组别	PGE2/（ng/L）
T1	60.54 ± 21.22
T2	97.78 ± 37.46
T3	77.45 ± 65.64

三、大鲵活性肽酱香型白酒对小鼠肠道菌群的影响

取30只SPF级雄性小鼠，体重20~22g，饲养环境为每天12h光照/12h黑暗，自由进食饮水。经一周适应性饲养后，随机分成3组，为生理盐水空白对照组（T1）、酱香型白酒对照组（T2）、大鲵活性肽酱香型白酒组（T3）。连续7d分别灌胃5mL/（kg·d）的生理盐水、53%（体积分数）酱香型白酒、53%（体积分数）大鲵活性肽酱香型白酒组。在灌胃第8天，无菌解剖小鼠，收集小鼠盲肠及结肠内容物，精确称取200mg放入2mL无菌EP管（eppendorf管）中3份，15min内保存于-80℃冰箱中。按照杨亮等报道的方法进行DNA提取，采用实时荧光定量PCR方法测定肠道菌群数量[40]。结果如图9-18（1）、（2）、（3）、（4）所示。如图9-18（1）所示，大鲵活性肽酱香型白酒组（T3）与空白对照组（T1）及酱香型白酒对照组（T2）相比，其肠道大肠杆菌数量变化没有差异。如图9-18（2）所示，大鲵活性肽酱香型白酒组（T3）的后壁杆菌门数量显著恢复。如图9-18（3）所示，大鲵活性肽酱香型白酒组（T3）的拟杆菌门数量显著恢复。如图9-18（4）所示，大鲵活性肽酱香型白酒组（T3）的总肠道菌群数量显著恢复。大鲵活性肽酱香型白酒降低了对人体肠道菌群的伤害。

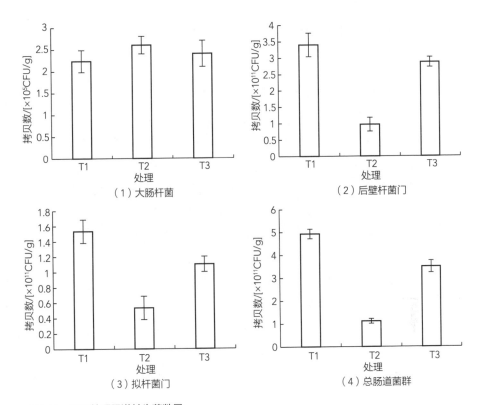

图9-18　不同处理肠道益生菌数量

大鲵活性肽酱香型白酒设计见图9-19。

图9-19　大鲵活性肽酱香型白酒

第五节　大鲵活性肽及糖肽化妆品的开发

　　赵小忠等对大鲵低聚糖肽抗皮肤光老化的临床疗效进行了研究，以期为开发具有抗皮肤光老化作用的大鲵低聚糖肽化妆品提供基础数据[42]。对40名面部出现光老化的女性受试者应用导入仪导入大鲵低聚糖肽复合粉5~10min，即刻外敷仙鲵活性膜，连续治疗8次，每次间隔3d，医生和受试者对研究前后受试者的面部皮肤变化进行主观评价，再应用VISIA皮肤图像分析系统对受试者研究前后皮肤变化进行分析。结果表明，VISIA皮肤图像分析系统结果显示受试者在治疗后，面部细小皱纹数量减少、紫外线色素斑含量减少及棕色斑数目也有改善（图9-20）。医生对治疗效果评价为明显改善者3例（7.5%），中度改善者21例（52.5%），轻度改善者13例（32.5%），无改善3例（7.5%），总改善率为92.5%。受试者非常满意者6人，满意者27人，总满意率为82.5%。光老化是由于皮肤长期受到日光照射所引起的损害，表现为皮肤粗糙、增厚、松弛、深而粗的皱纹，局部有过度的色素沉着或毛细血管扩张等，通过大鲵低聚糖肽复合粉导入液来改善皮肤光老化情况，结果表明大鲵低聚糖肽具有减轻面部色斑、改善皱纹、缓解紫外线对皮肤的影响，具有修复皮肤，延缓皮肤衰老的作用[42]。大鲵低聚糖肽化妆品设计图如图9-21所示。

　　大鲵活性肽具有促进小鼠皮肤的纤维原细胞增殖作用。大鲵活性肽加入化妆品中促进皮肤的纤维原细胞增殖作用，具有潜在的抗皮肤衰老作用。利用大鲵活性肽制备的一系列大鲵活性肽抗衰美容产品，丰富了抗衰老化妆品的品种（图9-22）。

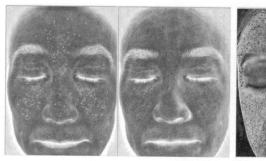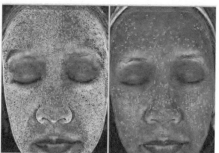

图9-20　VISIA分析棕色斑改善情况举例[42]

图9-21 大鲵低聚糖肽化妆品设计图

图9-22 大鲵活性肽化妆品

第六节 大鲵肽牙膏配方

大鲵活性肽具有较好的抗氧化活性。将大鲵活性肽加入到牙膏中，制备成大鲵肽牙膏。大鲵肽牙膏有助于改善口腔环境，预防口腔发炎。利用如下配方制备了大鲵活性肽牙膏（表9-14）[43]。大鲵活性肽肽牙膏配方经45℃烘箱3个月考察稳定。

表9-14 大鲵活性肽牙膏配方表[43]

序号	原料名称	用量/%
1	保湿剂	40~50
2	大鲵肽	0.1
3	二氧化硅	15~20

续表

序号	原料名称	用量/%
4	羟甲基纤维素钠	0.5~1.1
5	糖精钠	0.2~0.3
6	月桂醇硫酸酯钠	1.5~2
7	苯甲酸钠	0.1~0.3
8	香精	0.5~1.5
9	去离子水	余量

表9-15为大鲵肽牙膏质量指标与国家标准对照。如表9-15所示，大鲵活性肽牙膏在pH、过硬颗粒、膏体、稳定性等指标方面符合《牙膏》（GB/T 8372—2017）。

表9-15　大鲵肽牙膏质量指标与国家标准对照[43]

项目	大鲵肽牙膏	《牙膏》（GB/T 8372—2017）
pH	7.3	5.5~10.5
过硬颗粒	玻片无划痕	
膏体	均匀、无异物	
稳定性	膏体不溢出管口，不分离出液体，香味色泽正常	
菌落总数/（CFU/g）	≤180	≤500
霉菌与酵母菌总数/（CFU/g）	≤50	≤100
耐热大肠菌群/g	不得检出	
铜绿假单胞菌/g	不得检出	
金黄色葡萄球菌/g	不得检出	

大鲵活性肽牙膏水溶液对DPPH·的清除能力如图9-23所示。由结果可得，在一定的浓度范围内，大鲵活性肽牙膏水溶液对DPPH·的清除率与浓度呈线性增长关系；当浓度为20g/L时，其清除率为40.50%，说明大鲵活性肽牙膏水溶液具有一定的DPPH·清除能力[43]。

大鲵活性肽牙膏水溶液对·OH的清除能力测定结果如图9-24（1）、（2）所示。结果表明，大鲵肽牙膏水溶液具备清除·OH的能力，并且随着浓度的提高其清除·OH能力随之提升；浓度为10g/L、50g/L和100g/L时，其清除率分别为33.49%、64.82%和99.20%，其清除·OH的IC_{50}为18.55g/L[43]。

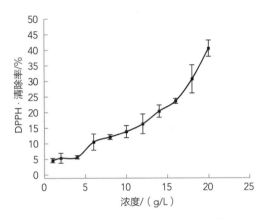

图9-23　大鲵肽牙膏水溶液清除DPPH·能力[43]

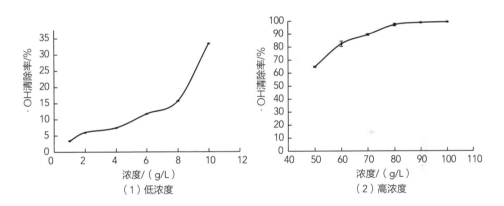

（1）低浓度　　　　　　　　　（2）高浓度

图9-24　大鲵肽牙膏水溶液清除·OH能力[43]

　　大鲵肽牙膏水溶液对超氧阴离子自由基的清除能力如图9-25所示。由结果可得，在一定的浓度范围内，大鲵肽牙膏水溶液具有清除超氧阴离子的能力，并且清除率与浓度呈线性增长关系。浓度为100g/L时，清除率能达到41.86%[43]。

　　大鲵肽牙膏水溶液清除$ABTS^+$·的能力测定结果如图9-26所示。在一定浓度范围内，随着大鲵肽牙膏水溶液浓度的增加，$ABTS^+$·清除率也增加；50mg/mL浓度时，清除率达到了38.33%。结果表明，大鲵活性肽牙膏水溶液有一定清除$ABTS^+$·能力。

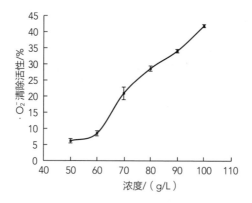

图9-25　大鲵肽牙膏水溶液清除超氧阴离子自由基能力[43]

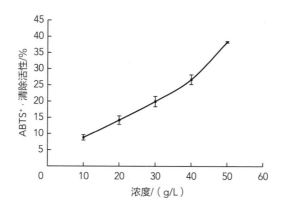

图9-26　大鲵肽牙膏水溶液清除ABTS[+]·能力[43]

　　大鲵活性肽具有清除DPPH·、·OH、超氧阴离子和ABTS[+]·的能力。大鲵肽牙膏水溶液也具有较好的除DPPH·、·OH、超氧阴离子和ABTS[+]·的能力。氧自由基在复发性口腔溃疡形成过程中具有重要作用，表明其具有潜在的保护口腔黏膜作用。大鲵肽天然物质在牙膏中的应用有望取代合成抗氧化剂的使用，令牙膏更"绿色"，可避免安全性方面的隐患，具有更广阔的应用前景[43]。图9-27为大鲵活性肽牙膏产品。

图9-27　伢倍优大鲵肽牙膏

参考文献

[1] 雷雪梅，贾洪锋，杨莉，等. 葡萄叶粉颗粒度对面条品质的影响 [J]. 粮食与油脂，2021，34（7）：118-122+149.

[2] 刘培，曾晓丹，詹敏，等. 黄秋葵面条的研制 [J]. 中国食物与营养，2020，26（3）：31-33+22.

[3] 江明，杨龙瑞，何娅，等. 天麻苦瓜面条加工工艺研究 [J]. 粮食与油脂，2021，34（2）：38-42.

[4] 杨晴晴，佟长青，李伟. 沸水浴时间对大鲵肽抗氧化活性影响的研究 [J]. 农产品加工，2017（10）：15-17.

[5] 陈坚，汪超，朱琪，等. 中国传统发酵食品研究现状及前沿应用技术展望 [J]. 食品科学技术学报，2021，39（2）：1-7.

[6] Zhu B，He H，Hou T. A comprehensive review of corn protein-derived bioactive peptides：Production，characterization，bioactivities，and transport pathways [J]. Comprehensive Reviews in Food Science and Food Safety，2019，18（1）：329-345.

[7] 李伟，佟长青. 大鲵活性肽益生菌饮品及应用：中国，CN108244428A [P]. 2018-07-06.

[8] 万春艳. 大豆活性肽对酵母增殖代谢及啤酒发酵的影响研究 [D]. 广州：华南理工大学，2012.

[9] 莫芬，赵谋明，赵海锋. 小麦面筋蛋白水解物对酿酒酵母增殖和发酵性能的影响 [J]. 食品工业科技，2012，33（22）：222-225.

[10] da Cruz SH，Batistote M，Ernandes J R. Effect of sugar catabolite repression in correlation with the structural complexity of the nitrogen source on yeast growth and fermentation [J]. Journal of the Institute of Brewing，2003，109（4）：349-355.

[11] Caputi A，Wright D. Collaborative study of the determination of ethanol in wine by chemical oxidation [J]. Journal of Association of Official Analytical Chemists，1969，52（1）：85-88.

[12] 贾娜，刘丹，谢振峰. 植物多酚与食品蛋白质的相互作用 [J]. 食品与发酵工业，2016，42（7）：277-282.

[13] 刘勤勤，朱科学，郭晓娜，等. 茶多酚与大豆分离蛋白的相互作用 [J]. 食品科学，2015，36（17）：43-47.

[14] Abugoch L E，Martínez E N，Añón M C. Influence of the extracting solvent upon the structural properties of amaranth（*Amaranthus hypochondriacus*）glutelin [J]. Journal of Agricultural and Food Chemistry，2003，51（14）：4060-4065.

[15] Prodpran T，Benjakul S，Phatcharat S. Effect of phenolic compounds on protein cross-linking and properties of film from fish myofibrillar protein [J]. International Journal of Biological Macromolecules，2012，51（5）：774-782.

[16] 盛良全，闫向阳，徐华杰，等. 烟碱与牛血清白蛋白相互作用的光谱研究 [J]. 光谱学

与光谱分析，2007（2）：306-308.

［17］何凤梅. 大鲵活性肽制备及其对葡萄酒香气影响的研究［D］. 大连：大连海洋大学，2020.

［18］刘夫国，马翠翠，王迪，等. 蛋白质与多酚相互作用研究进展［J］. 食品与发酵工业，2016，42（2）：282-288.

［19］姚其凤，吴正奇，陈小强，等. 茶多酚-蛋白质相互作用的研究进展［J］. 食品工业科技，2019，40（8）：337-342+349.

［20］隋晓楠，黄国，刘贵辰. 大豆蛋白质-植物多酚互作的研究进展［J］. 中国食品学报，2019，19（7）：1-10.

［21］张莉，刘倩倩，吴长玲，等. 多酚与蛋白质相互作用研究方法进展［J］. 食品工业科技，2018，39（24）：340-345.

［22］谢孟峡，刘媛. 红外光谱酰胺ⅲ带用于蛋白质二级结构的测定研究［J］. 高等学校化学学报，2003（2）：226-231.

［23］薛瑾. 茶多酚—蛋白纳米复合物的研究［D］. 无锡：江南大学，2014.

［24］万萍. 红外光谱结合模式识别对不同茶类的鉴别［D］. 合肥：安徽农业大学，2018.

［25］Kanakis C D，Hasni I，Bourassa P，et al. Milk β-lactoglobulin complexes with tea polyphenols［J］. Food Chemistry，2011，127（3）：1046-1055.

［26］胡斯杰. 牡蛎多糖产品研发及泥鳅凝集素的研究［D］. 大连：大连海洋大学，2019.

［27］翁诗甫. 傅里叶变换红外光谱分析［M］. 北京：化学工业出版社，2010.

［28］冯叙桥，曲敏，于新莹，等. 大鲵低聚糖肽性质初步研究［J］. 食品工业科技，2012，33（6）：128-131.

［29］李丽，梁芳华，孙爱东. 葡萄酒中特征性香气成分的形成及其影响因素［J］. 饮料工业，2009，12（5）：13-16.

［30］杨莹，徐艳文，薛军侠，等. 葡萄酒相关酵母的香气形成及香气特征［J］. 微生物学通报，2007，34（4）：757-760.

［31］Patel S，Shibamoto T. Effect of 20 different yeast strains on the production of volatile components in symphony wine［J］. Journal of Food Composition and Analysis，2003，16（4）：469-476.

［32］游玲，王涛，李华兰. 葡萄酒芳香物质研究进展［J］. 四川食品与发酵，2008（2）：29-33.

［33］白雪莲，章华伟. 葡萄酒香气与其呈香物质的研究进展［J］. 山西食品工业，2005（2）：26-30.

［34］吴艳艳，王辉，邢凯，等. 发酵过程中添加酵母助剂对葡萄酒感官品质的影响［J］. 中国食品学报，2018，18（5）：280-287.

［35］刘春艳，张静，李栋梅，等. 葡萄酒风味物质研究进展［J］. 食品工业科技，2017，38（14）：310-313+320.

［36］李斌斌，杜展成，吴敏，等. 冷浸渍处理对干红葡萄酒颜色品质及风味特征的影响［J］. 食品与机械，2019，35（12）：179-184.

［37］兰圆圆，陶永胜，张世杰，等. 我国多产区干红葡萄酒颜色相关指标的关联分析［J］.

食品科学，2013，34（11）：1-4.

[38] 武松. Spss统计分析大全［M］. 北京：清华大学出版社，2014.

[39] 葛谦，吴明，赵子丹，等. 贺兰山东麓新红葡萄酒颜色品质综合评价与相关性分析［J］. 中国酿造，2017，36（12）：34-39.

[40] 杨亮，何鹏辉，刘旭东，等. 酱香大鲵皮肤泡制酒对肠道微生物的影响［J］. 中国酿造，2016，35（12）：103-107.

[41] 陈娟，喻仕瑞，朱思洁，等. 大鲵肽酱香酒酶解工艺优化及抗氧化活性研究［J］. 中国酿造，2020，39（7）：101-106.

[42] 赵小忠，魏宁，张良振，等. 大鲵低聚糖肽抗皮肤光老化的临床研究［J］. 中国医疗美容，2014，4（3）：78-80.

[43] 赵冠华，佟长青，李伟，等. 大鲵肽在牙膏中的应用研究［J］. 日用化学工业，2017，47（1）：36-39.